Züleyha Kahraman
İbrahim Çiftci

Farklı Ca ve P İçeren Yumurta Tavuğu Yemlerinde Sitrik Asit kullanımı

Züleyha Kahraman
İbrahim Çiftci

Farklı Ca ve P İçeren Yumurta Tavuğu Yemlerinde Sitrik Asit kullanımı

Türkiye Alim Kitapları

Impressum / Yayınevi adı
Bibliografische Information der Deutschen Nationalbibliothek: Die Deutsche Nationalbibliothek verzeichnet diese Publikation in der Deutschen Nationalbibliografie; detaillierte bibliografische Daten sind im Internet über http://dnb.d-nb.de abrufbar.
Alle in diesem Buch genannten Marken und Produktnamen unterliegen warenzeichen-, marken- oder patentrechtlichem Schutz bzw. sind Warenzeichen oder eingetragene Warenzeichen der jeweiligen Inhaber. Die Wiedergabe von Marken, Produktnamen, Gebrauchsnamen, Handelsnamen, Warenbezeichnungen u.s.w. in diesem Werk berechtigt auch ohne besondere Kennzeichnung nicht zu der Annahme, dass solche Namen im Sinne der Warenzeichen- und Markenschutzgesetzgebung als frei zu betrachten wären und daher von jedermann benutzt werden dürften.

Deutsche Nationalbibliothek tarafından yayınlanan bibliyografik bilgiler: Deutsche Nationalbibliothek, bu yayını Deutsche Nationalbibliografie'de listeler; detaylı bibliyografik bilgi İnternet'te http://dnb.d-nb.de sitesinde mevcuttur.
Bu kitapta bahsedilen herhangi bir marka ve ürün adı, tescilli marka, marka veya patent korumasına tabidir ve ilgili sahiplerin ticari veya tescilli markalarıdır. Marka, ürün, ortak ve ticari adların, ürün açıklamalarının v.s. işbu eserde özel işaretleme olmadan bile kullanılması, bu çeşit adların, tescilli marka ve marka korunması kanunu açısından kısıtlanmamış ve böylece herkes tarafından kullanılabilir olarak hiç bir şekilde yorumlanamaz.

Coverbild / Kitap kapağı resmi: www.ingimage.com

Verlag / Yayıncı:
Türkiye Alim Kitapları
ist ein Imprint der / yayınevinin bir ticari markasıdır
OmniScriptum GmbH & Co. KG
Heinrich-Böcking-Str. 6-8, 66121 Saarbrücken, Deutschland / Almanya
Email / E-posta: info@turkiye-alim-kitaplary.com

Herstellung: siehe letzte Seite /
Basım yeri: son sayfaya bakın
ISBN: 978-3-639-67076-9

Zugl. / Approved by: Ankara, Ankara Üniversitesi, 2008

TEŞEKKÜR

Farklı düzeylerde Ca ve P içeren yumurta tavuğu rasyonlarında sitrik asit kullanımının performans, yumurta kalite kriterleri, mineral madde yararlanımı ve ince bağırsak mikroflorası üzerine etkilerinin araştırılması amacıyla yürütülen bu çalışma, yumurta tavuğu rasyonlarında sitrik asit kullanılma olanaklarına bir ışık tutacaktır. Bu çalışma Tavukçuluk Araştırma Enstitüsü'nde yürütülmüştür.

Çalışmamın planlanıp yürütülmesi safhalarında yakın ilgi ve önerileri ile beni yönlendiren danışman hocam, Sayın Prof. Dr. İbrahim ÇİFTÇİ'ye, katkılarını esirgemeyen, tez izleme komitesi üyeleri hocalarım, Sayın Prof. Dr. Ekin TOKER, Prof. Dr. Necmettin CEYLAN ve Prof.Dr. Seher KÜÇÜKERSAN'a, Yemler ve Hayvan Besleme ABD araştırma görevlilerinden Gökhan TÜZÜN başta olmak üzere araştırmamım çeşitli safhalarında yardımlarını esirgemeyen ve katkıları bulunan tüm öğretim elemanları ve görevlilerine, doktora çalışmam süresince yardım ve sabırlarını esirgemeyen eşim Aksoy KAHRAMAN ve kızım Günsu Berfin KAHRAMAN'a, Ca ve P analizlerinin yapılmasında olanak sağlayan ve her aşamada yardımlarını gördüğüm Prof.Dr. Tevhide SEL ve Araş. Gör. Mert PEKCAN'a, Ankara Tavukçuluk Araştırma Enstitüsü Müdürü Cengizhan MIZRAK başta olmak üzere tüm mühendis arkadaşlarıma, kümes çalışanlarına ve özellikle Seniha DOĞAN ve Resmiye YÜCE'ye teşekkürlerimi sunarım.

Züleyha KAHRAMAN
Ankara, Ocak 2008

İÇİNDEKİLER

SİMGELER DİZİNİ

cm	Santimetre
mm	Milimetre
g	Gram
IU	International Unit
kcal	Kilokalori
HP	Ham protein
TP	Total protein
AST	Aspartate aminotransferase
ALT	Alanine aminotransferase
LDH	Lactate dehydrogenase
DDGS	Distillers dried grains with solubles
KH_2PO_4	Potasyum hidrojen fosfat
$25OHD_3$	25-hydroxycholecalciferol
Cr_2O_3	Kromoksit
N/mm^2	Newton/milimetre
FTU	Fitaz unit
ABS	Kemik kırılma direnci
P	Fosfor
P_a	Available phosphorus
P_y	Yararlanılabilir fosfor
Ca	Kalsiyum
SA	Sitrik asit
Fe	Demir
Cd	Kadmiyum
Zn	Çinko
KM	Kuru madde
kg	Kilogram
ME	Metabolik Enerji
Mg	Miligram
Na Glu	Sodium gluconate
Ca Glu	Calcium gluconate
GDL	Glucono-δ-lactone
Alimet	Hydroxy–4-methylthio butanoic acid
$1\ \alpha$-(OH) D_3	1 α- hidroksikolekalsiferol
vd	ve diğerleri
μ	Mikron
μg	Mikro gram
RIR	Rhode Island Red
NHC	New HampshirexColombian
RR	RossxRoss
L54	Line 54
ATAK	Ankara Tavukçuluk Araştırma Enstitüsü Kahverengi Yumurtacı Melezi
YDS	Yem değerlendirme sayısı

ÇİZELGELER DİZİNİ

Farklı Düzeyde Ca ve P İçeren Yumurta Tavuğu Yemlerine Sitrik Asit İlavesinin Performans, Yumurta Kalitesi, Mineral Madde Yararlanımı ve Bağırsak Mikroflorası Üzerine Etkileri

1. GİRİŞ

Evcil hayvanlardan yüksek verim ve kaliteli ürün alınabilmesi ilk sırada bu hayvanların genetik yapılarına ve dengeli beslenmelerine ihtiyaç duyulan tüm besin maddelerinin yeterli miktar ve oranlarda hayvana verilmesine bağlıdır. Bu çerçevede kanatlı hayvanların beslenmesinde çok önemli yapısal ve fizyolojik görevleri olan besin maddeleri içerisinde mineraller de önemli rollere sahiptir. Bu mineral maddelerin en önemlilerinden ikisi kalsiyum (Ca) ve fosfor (P) dur. Bu nedenle gerek büyüme ve gelişme gerekse hayvansal ürünlerin miktar ve kalitesine önemli derecede etki eden kalsiyum ve fosfor ihtiyaçları kısmen karmalara giren dane yemlerle, kısmen de katkı olarak kullanılan çeşitli etki mekanizmalara sahip olan organik ve inorganik kaynaklardan karşılanmaktadır.

Yumurta tavuklarının fosfor (P) ihtiyacını ırk, yaş, verim seviyesi, rasyonun enerji ve kalsiyum seviyesi, yem tüketimi, çevre sıcaklığı gibi birçok faktör etkilemektedir. Ergin tavuklar, genç hayvanlara kıyasla (civciv ve piliçler) rasyon P seviyelerine daha az hassastırlar. Bu nedenle tavukların P ihtiyacını tespit etmek daha zordur. Rasyon P bakımından aşırı yetersiz değilse, tavuklar uzun süre normal performanslarını devam ettirebilmekte ve hayvanların ölüm oranı ile iskelet problemlerinde az bir artış olurken, yumurta veriminde kolayca fark edilmeyen bir düşüş olmaktadır. Yumurta tavuklarında yumurtlama peryodu boyunca tatminkar bir performans için % 0.15 ve 0.20 yararlanılabilir fosfor (P_y) içeren rasyonların yeterli olduğu düşünülmektedir (Boling *et al.* 2000a,b, Gordon and Roland, 1997). Yapılan bir çalışmada 27–72 haftalık dönemde % 0.35 ve 0.50 rasyon P_y düzeyinin gerek normal ve gerekse sıcak şartlarda yumurta kabuk özellikleri ve yem değerlendirme sayısı hariç, diğer performans özelliklerinin % 0.20 P_y içeren rasyonla beslenen tavuklardan önemli derecede farklı olmadığını bildirmişlerdir. Kabuk kalite kriterleri bakımından % 0.20 P_y ile beslenen grupta daha yüksek değerler elde edilmiştir (Konca ve Yazgan 1999a,b).

Kanatlılar için Ca mineralinin önemi ve özellikle bu mineralin fosfor minerali ile olan ilişkileri çok önceden beri bilinmektedir. Bu açıdan değerlendirildiğinde ideal Ca/P oranı civciv ve piliç döneminde 1/1, 2/1 den başlamak üzere yumurta döneminde 4/1 ve 6/1'e kadar çıkabilmektedir. Diyetsel Ca ve P düzeyleri fitat fosfor kullanılabilirliğini önemli ölçüde etkilemektedir. Kalsiyumun etkisi fosfor düzeyinin etkisinden daha önemlidir ve diyetsel kalsiyumun yüksek düzeyde olması fitat hidrolizini tamamen engelleyebilir. Benzer şekilde Ca/P oranı da fitat hidrolizini etkilemektedir.

Yumurta tavukçuluğunda besin maddelerinin yarayışlılığını arttırmak üzere çok sayıda katkı maddesi kullanılmaktadır. Yumurta tavuklarında performans ve özellikle yumurta kalite kriterlerine etki eden minerallerin başında Ca ve P yer almaktadır. Bu nedenle yapılan çalışmalar Ca ve P yararlanımını arttırma yönünde yoğunlaşmıştır. Öncelikle bitkisel kökenli hammaddelerde yer alan fitin fosfordan yararlanımı arttırmak için fitaz enzimi ilavesi yaygın olarak başvurulan bir yoldur.

Antibiyotiklerin hayvan yemlerinde yasaklanmasıyla birlikte enzimler, organik asitler, probiyotikler, oligosakkaritler (prebiyotikler) ve bitki ekstraktları kullanıma girmiştir. Kanatlı yemlerine ilave edilen propiyonik asit, fumarik asit, formik asit, sorbik asit, asetik asit, sitrik asit ve laktik asit gibi organik asitlerin ve tuzların bağırsak kanalındaki mikroorganizma populasyonunu kontrol altında tutarak, gelişmeyi teşvik edici ve yemden yararlanmayı iyileştirici etkilerde bulundukları bildirilmiştir (Vogt *et al.* 1981, Patten and Waldroup 1988, Skinner *et al.* 1991, Dibner and Buttin 2002). Bu olumlu etkiler sindirim kanalı pH'sındaki düşmeye bağlı olarak zararlı mikroorganizma populasyonundaki azalma ve enzim aktivitesinin artmasına bağlanmaktadır. Diğer taraftan organik asit ilavesiyle yemin asitliliğinin yükselmesi iştah arttırıcı etki yapabilmektedir. Diğer taraftan asetik, formik, propiyonik ve laktik asitlerin yemlere ilavesi ile enterobacteriaceae sayısında önemli düzeyde azalmaların olduğu (Van Der Wal 1980) ve karkasta salmonella görülebilirliğinin azaldığı (Smith *et al.* 1983, Rouse *et al.* 1988) belirtilmektedir.

Organik asitlerin temel işlevleri asitlendiricilik özelliklerine ilaveten mikroorganizmalar üzerindeki bakteriostatik etkileridir. Bir çok bakterinin nötr pH değerinde (6.5–7.5) iyi geliştiği göz önünde bulundurularak, ortam pH'sını sorbik ve propionik asit ve tuzları, asetik, sitrik, laktik, malik ve glukonik asitler kullanılmaktadır.

Doğal katkı maddesi olan organik asitlerden sitrik asitin özellikle mineral madde emilimine ortam sağlayarak yumurtanın iç ve kabuk kalitesini iyileştireceği düşünülmektedir. Bununla birlikte bağırsakta mevcut patojen mikroorganizmaların üremelerini engelleme açısından da tercih edilen bir organik asit olabileceği düşünülmektedir.

Yumurta tavukçuluğunda kabuk kalitesindeki bozulmaların özellikle yaşla birlikte mineral madde yarayışlılığının düşmesiyle arttığı bilinen bir durumdur. Kabuk kalitesindeki düşmeyle ciddi ekonomik kayıplar oluşması yanında sürüde davranış bozuklukları (yumurta yeme vb.) da ortaya çıkmaktadır. Bu bağlamda; sitrik asitin mineral maddelerden yararlanımı etkilediği yönündeki bildirişler (Kornegay 1991, Walter *et al.* 1998) göz önünde bulundurularak, yumurta veriminin yüksek olduğu birinci verim dönemi (22–42) ve özellikle kabuk kalite probleminin en yoğun olduğu ikinci verim döneminde (42. haftadan sonra) ne derece etkili olabileceğinin ortaya konulması önem taşımaktadır.

Belirtilen etkilerinden dolayı sitrik asitin yumurta tavuğu rasyonlarında iki farklı düzeyde Ca ve P ile birlikte iki farklı düzeyde kullanılması durumunda tavukların performans, yumurta kalite kriterleri, ince bağırsak mikroflorası ile yumurta kabuğu, kemik külü ve kan serumundaki Ca ve P miktarlarının ne oranda etkileyeceğinin ortaya konulması açısından yararlı olabileceği düşünülmüş ve bu araştırma planlanmıştır.

2. KAYNAK ÖZETLERİ

Bu bölümde başta yumurta tavukları olmak üzere etlik piliçler üzerinde yürütülen Ca ve P'a ait düzey çalışmaları ile değişik Ca ve P seviyelerinde öncelikle sitrik asit olmak üzere diğer organik asitler ve fitaz ile yapılmış çalışmalar özetlenmiştir.

2.1 Yumurta Tavuklarında Kalsiyum ve Etkileri

Kalsiyum yumurta kabuğunun sentezinde birinci derecede rol oynayan bir mineraldir. Tavuk yumurtladığı her yumurtanın kabuğu ile beraber 2 gramdan fazla kalsiyumu vücudundan dışarı atar. Uterusta meydana gelen kabuk sentezi için gerekli olan kalsiyumun önemli bir kısmı yemdeki kalsiyum kaynaklarından sağlanırken % 30 kadarı da medullar kemiklerden rezorbe edilmektedir. Medullar kemiklerdeki kalsiyum birikimi ise ilk yumurtadan 10 gün sonra başlar. Yumurta tavukları yemdeki kalsiyumun ortalama olarak % 55'inden yararlanabilirler. Vitamin D_3 kalsiyum absorbsiyonunda önemli rol oynar. Vitamin D_3, Ca ve P'un bağırsaklardan absorbsiyonuna yardım ederek kemik ve iskelet gelişimi için gerekli olan bu minerallerin yarayışlılığını arttırır. Benzer şekilde yumurta kabuğunda Ca mineralinin kristalizasyonuna yardım eder. Vitamin D_3 bu fonksiyonunu yerine getirirken, kalsiyumu bagırsak epitel hücrelerine taşıyan proteinlerin yapısına girmekte ve sonuç olarak kalsiyum emiliminde önemli rol oynamaktadır. Ayrıca kalsiyum emildikten sonra ilgili doku ve organlara taşınmasında da görev almaktadır. Kalsiyumun diğer bazı minerallerle kompleks teşkil etmesi absorbsiyon düzeyini düşürmektedir. Örneğin okzalik asit ile dolomit formundaki magnezyum, Ca absorbsiyonunu büyük ölçüde düşürürler (Şenköylü 1997).

Kalsiyum gereksinimi yumurtlama periyodunun devrelerine göre önemli ölçüde değişiklik gösterir. Yumurtlama devresinin başında (19–28 hafta) kalsiyum düzeyi yem tüketimine bağlı olarak değişmekle beraber günde % 3.75 olarak önerilmektedir. Daha sonraki dönemlerde 29–36 hafta, 52 haftalık dönemlerde ve yumurtlama periyodunun 53 haftalık son döneminde kalsiyum düzeyi sırasıyla % 3.75, 4.0 ve 4.25 olarak önerilmektedir (Roland 1982). Yumurtlama devresinin sonuna doğru kalsiyum gereksiniminin artmasının bazı nedenleri vardır. Bunlardan biri, yumurtanın irileşmesi sonucu kabuk ağırlığının artması, diğeri de, tavuğun yaşlanma nedeniyle kalsiyum absorbe etme gücünün azalmasıdır. Bu yaştaki tavuğun kabuğu sentezleme yeteneği azaldığından, kabuk kalitesi bozulmakta, ince kabuklu, kırık ve çatlak yumurta oranında artış olmaktadır. Bu durumda kalsiyum gereksinimi % 4.75'e kadar ulaşabilir. Şenköylü (1997) tarafından bildirildiğine göre; yumurta tavuklarının Ca ihtiyaçları North and Bell (1990) tarafından yukarıda verildiği şekilde özetlenmiştir. Yumurta tavuklarında Ca'un etkileri üzerine yürütülmüş çalışmaların özetleri aşağıda verilmiştir.

Kalango and Ademosun (1973) tarafından kafeste ve yerde barındırılan 48 haftalık yaşta Harco yumurtacı tavuklarında tibia külü, tibia külü Ca içeriği, Ca ve P tutulumu araştırılmıştır. Tibia külü Ca içeriği, rasyon Ca içeriği % 2.0 ve 4.5 olan rasyonlarla beslenen tavuklarda önemli bir artış görülmüştür. Yerde barındırılan tavuklarda tibia Ca içeriği kafeste barındırılan tavuklardan daha yüksek bulunmuştur. Tibia külü ve tibia Ca içeriği ilk 8 haftalık yaşta hızlı bir şekilde artarken ileri yaşlarda sabit kalmıştır. Kalsiyum tutulumu tüketimin %'si olarak düşüş göstermiş, buna karşılık mutlak tutulum ise artan Ca düzeyine bağlı olarak artış göstermiştir. Rasyon Ca içeriğinin % 4.5 olması P tutulumunun azalmasına yol açmıştır.

Chowdhury and Smith (2002) tarafından % 2.5, 3.0, 3.5 ve 4.0 düzeylerinde Ca içeren rasyonlarla yürütülen bir araştırmada, yumurta verimi Ca düzeyinin artmasıyla doğrusal oranda önemli bir artış göstermiştir ($P<0.05$). Yemde Ca'un yüksek düzeylerde kullanılması yumurta verimi ve kabuk kalitesinde artış sağlamıştır.

2.2 Yumurta Tavuklarında Fosfor ve Etkileri

Fosfor özellikle sıcak havalarda üzerinde önemle durulan minerallerden biri durumuna gelmiştir. Çünkü fosfor eksikliğine ilişkin problemler sıcak havalarda ortaya çıkmaktadır. Bunlar, kafes yorgunluğu, kanibalizm, prolapsus, yağlı karaciğer, iskelet gelişiminde zayıflık, fiziksel zayıflık ve iştahsızlık olarak özetlenebilir. Fosfor kemiğin yapısına girdiği gibi, karbonhidrat, yağ ve amino asit metabolizmalarında esansiyel mineral olarak görev alır. Ayrıca kasların çalışması ve sinir dokusu metabolizmalarında da rol oynar. Bu nedenlerle yaşama gücü, iyi bir büyüme ve yumurta verimi için yeterli düzeylerde yararlanılabilir fosfora (P_y) gereksinim duyulur. Yararlanılabilir fosfor gereksinimi (% olarak) tavukların yumurtlama dönemi ve yem tüketimine bağlı olarak değişmektedir. Toplam fosfor ihtiyacı yumurtlama periyodunun başlangıcından 28. haftaya kadar % 0.70 iken, 29–36 hafta arasında 700 mg/tavuk/ gün, 37–52 hafta arasında 600 mg/tavuk/ gün ve 53. haftadan sonra 500 mg/tavuk/ gün olarak önerilmektedir. Şenköylü (1997) tarafından bildirildiğine göre; yumurta tavuklarının P ihtiyaçları North anad Bell (1990) tarafından yukarıda verildiği şekilde özetlenmiştir. Ayrıca tavukların yararlanılabilir fosfor gereksinimi NRC (1984)'e göre % 0.32 olarak önerilirken, Leeson and Summers (1991) tarafından bu düzeyin % 0.45'e kadar artabileceği bildirilmiştir.

Son yıllarda fosfor beslenmesi konusunda önemli gelişmeler olmuş ve yeme fitaz enziminin katılmasıyla bitkisel hammaddelerde bulunan fitik asitten yararlanma olanağı doğmuştur. Yeme fitaz enzimi katmakla fitik asitte bulunan bitkisel fosfor yarayışlılığında % 50 oranında artış meydana gelmektedir. P_y gereksinimi yumurtlama peryodunun başında rasyonun % 0.50'si kadar olduğu halde bu gereksinim, yumurtlama peryodunun sonunda 300 mg/gün'e düşebilmektedir. Şenköylü (1997) tarafından bildirildiğine göre; yumurta tavuklarının P ihtiyaçları North and Bell (1990) tarafından yukarıda verildiği şekilde özetlenmiştir. Yumurta tavuklarında P ve etkileri üzerine yürütülmüş diğer çalışmaların özetleri aşağıda verilmiştir.

Miles *et al.* (1983) fosforun yumurta tavuklarının performans ve yumurta kalitesi üzerine etkilerini araştırmak amacıyla 4 farklı canlı ağırlık aralığına (1250-1300, 1301-1500, 1501-1580 ve 1581-1780) sahip White Leghorn tavukları 8 farklı toplam fosfor içeren (% 0.17, 0.23, 0.30,. 0.40, 0.50, 0.70, 1.50 ve 2.30) rasyonlarla beslenmişlerdir. Toplam fosfor içeriği % 0.17, 0.23 ve 0.30 olan (tümü bitkisel orijinli) yemlerle beslenen tavuklar inorganik fosfor içerikli yemlerle beslenenlerden daha az yem tüketmişler ve daha düşük performans göstermişlerdir. % 0.10'dan % 0.40' a kadar inorganik fosfor ilavesi yapılan gruplar en iyi performansı göstermişlerdir. Plazma fosfor içeriği, yemdeki fosfor içeriğiyle doğrudan ilişkili bulunmuştur. Yemlerdeki toplam fosfor içeriğinin % 0.50'nin üzerine çıkması durumunda yumurta özgül ağırlığı olumsuz etkilenmiştir. En iyi sonuç % 0.40 ile 0.50 toplam fosfor düzeyinde belirlenmiştir. Sonuç olarak maksimum yumurta verimi için rasyonların fosfor içeriğinin % 50 den daha yukarı arttırılmasının yumurta kabuk kalitesini olumsuz etkilediği bildirilmiştir.

Pan *et al.* (1998) tarafından 22 haftalık yaşta Shaver SX 288 yumurta tavuğunda 2 farklı tahıl kaynağı (buğday ve çavdar), 2 farklı enzim düzeyi (% 0 ve 0.1 Roxazyme® G) ve 2 ilave inorganik fosfor düzeyinin (% 0 ve 0.105) etkileri 2x2x2 faktöriyel düzende araştırılmıştır. Yumurta verimi, yem tüketimi, yumurta ağırlığı, yem değerlendirme sayısı ve yumurta özgül ağırlığı üzerine faktörlerin etkisi önemli bulunmuştur ($P \leq 0.05$). Buğdaya dayalı yemlerle beslenen tavukların tibia kemiği külü (% 52.5, 54.3), gübrede kuru madde, yumurta kabuğu, yumurta özgül ağırlığı çavdara dayalı beslenenlerden daha yüksek bulunmuştur ($P \leq 0.05$). Enzim ilavesi enerjiyi değerlendirme ve yem değerlendirme sayısını sırasıyla % 6.2 ve 3 oranında iyileştirmiş ($P \leq 0.05$), yumurta verimindeki artış sadece sayısal düzeyde kalmıştır (% 87.6–90.1). İnorganik P ilavesi yumurta verimi, yem tüketimi, yem değerlendirme sayısı ve enerjiden yararlanmayı sırasıyla % 4.4, 2, 3 ve 2.8 oranında arttırmış, fakat yumurta özgül ağırlığını düşürmüştür. Enzim ve inorganik P ilavesinin tibia kül içeriği ve plazma toplam Ca ve P içeriği üzerine önemli bir etkisi olmamıştır.

Keshavarz (2000) tarafından yumurta tavuklarının P_y gereksinimlerine fitaz enzimi ilavesinin etkilerini belirlemek amacıyla bir çalışma yapılmıştır. Deneme, 6x2 faktöriyel düzende 12 muameleden oluşturulmuştur.

Yem 1: P_y düzeyi % 0.40 içerikli yem (30–42 hafta), % 0.35 P_y (42–54 hafta) ve % 0.30 P_y (54–66 hafta),

Yem 2: P_y düzeyi % 0.35 (30–42hafta), P_y düzeyi % 0.30 (42–54 hafta), P_y düzeyi % 0.25 (54–66 hafta),

Yem 3: P_y düzeyi % 0.30 (30–42 hafta), P_y düzeyi % 0.25 (42–54 hafta), P_y düzeyi % 0.20 (54–66 hafta),

Yem 4: P_y düzeyi % 0.25 (30–42 hafta), P_y düzeyi % 0.20 (42–54 hafta), P_y düzeyi % 0.10 (54–66 hafta),

Yem 5: P_y düzeyi % 0.20 (30–42 hafta), P_y düzeyi % 0.15 (42–54 hafta), P_y düzeyi % 0.10 (54–66 hafta),

Yem 6: P_y düzeyi % 0.15 (30–42 hafta), P_y düzeyi % 0.10 (42–54 hafta), P_y düzeyi % 0.10 (54–66 hafta),

Yem 7: Yem 1 + 300 ünite/kg fitaz,

Yem 8: Yem 2 + 300 ünite/kg fitaz,

Yem 9: Yem 3 + 300 ünite/kg fitaz,

Yem 10: Yem 4 + 300 ünite/kg fitaz,

Yem 11: Yem 5 + 300 ünite/kg fitaz,

Yem 12: Yem 6 + 300 ünite/kg fitaz ilavesi.

Denemenin 42 – 66 haftalık döneminde nitrojen, fitat ve toplam P tutulumu, sindirim denemesiyle belirlenmiştir. Fitaz ilavesinin yapılmadığı P_y düzeyinin % 0.25, 0.20 ve 0.15 olduğu (4. muamele) yemlerle beslenen tavukların yumurta verimi, yumurta üretimi, canlı ağırlık, canlı ağırlık değişimi ve yem değerlendirme sayılarının korunmasında yeterli olduğu sonucuna varılmıştır. Ancak P_y düzeyinin % 0.20, 0.15 ve 0.10 muamele ile % 0.15, 0.10 ve 0.10 muamele olan yemlerle beslenenlerde, aynı performans değerleri daha düşük düzeyde kalmıştır ($P<0.05$). Yumurta ağırlığının korunmasında % 0.15, 0.10 ve 0.10 P_y düzeyi yeterli olurken kabuk oranı bakımından % 0.15 P_y düzeyinde % 0.35 P_y düzeyine göre daha yüksek değer elde edilmiştir ($P<0.05$). Yem tüketimi ise 54–66 haftalık dönemde % 0.10 P_y düzeyinde en düşük miktarda bulunmuştur ($P<0.05$). Yumurta verimi bakımından, % 0.15, 0.10 ve 0.10 P_y içeren yemlere fitaz ilavesi kontrol grubuyla karşılaştırıldığında önemli bir farklılık yaratmamıştır ($P>0.05$). Yumurta özgül ağırlığı düşük düzeyde P_y içeren (% 0.15, 0.10 ve 0.10) yemlerle beslenenlerde yüksek düzeyde P_y içeren (% 0.40 ve 0.20) yemlerle beslenenlerden daha yüksek bulunmuş ($P<0.05$) ve yemlere fitaz ilavesi ters etki yaratmıştır. Fitaz ilavesinin P tutulumuna etkisi önemli bulunmuş ve yaklaşık % 0.15'lik bir artış sağlamıştır ($P< 0.05$). Günlük toplam P atılımı, en düşük düzeyde P_y içeren ve fitaz ilaveli grupta (12. muamele) fitaz ilavesi yapılmayan kontrol grubundan % 34–37 oranında daha az bulunmuştur. Günlük P tüketimi, % 0.25, 0.20 ve 0.15 P_y içeren yemlerle beslenenlerde kontrol grubundan daha düşük bulunmuştur.

Sohail and Roland (2002) tarafından 21 ve 45 haftalık yaşta Hy-Line W36 tavukları ile çevre kontrollü kümeste düzenlenen bir çalışmada P_y'un performans üzerine etkilerini incelemek amacıyla 2 seri deneme yürütmüşlerdir.

Deneme 1: 21 haftalık yaşta 1248 adet Hy-Line W36 tavukları P_y düzeyleri % 0.1'den başlamak üzere dereceli olarak % 0.05 arttırılarak % 0.7 düzeyine kadar 13 muamele grubuna tesadüfen dağıtılmış ve bu deneme 17 hafta sürdürülmüştür. Deneme 1'in sonuçlarına göre P_y'un % 0.1'den % 0.7'ye çıkartılması yem tüketimi, yumurta verimi ve canlı ağırlığı arttırmıştır. Denemenin 12 haftalık döneminde en düşük fosfor düzeyinde (% 0.1) yem tüketimi ve yumurta veriminde şok düşüşler yaşanmıştır. Yumurta ağırlığı ve yumurta özgül ağırlığı ise P_y'un % 0.1'den % 0.7 çıkartılmasına paralel olarak azalmıştır ($P<0.05$). Denemenin 14. haftasından sonra yumurta özgül ağırlığı % 0.1 P_y düzeyinde de önemli ölçüde düşmüştür ($P<0.05$). Kemik kırılma direnci P_y'un % 0.3'ten % 0.4'e çıkartılması durumunda maksimum kemik kalitesiyle en yüksek değeri göstermiştir ($P<0.05$).

Deneme 2: 45 haftalık yaşta 960 adet Hy-Line W36 tavukları 4 farklı P_y düzeyi (% 0.1, 0.2, 0.3 ve 0.4) ve 2 farklı Ca düzeyi (% 3 ve 4) olmak üzere 4x2 faktöriyel düzende 8 muamele grubuna tesadüfen dağıtılmış ve deneme 8 hafta devam ettirilmiştir. Deneme 2'de yem tüketimi ve yumurta verimi bakımından bu dönemin 2. haftası deneme 1'in 12. haftası karşılaştırıldığında düşük P_y düzeyi ters etki yaratmıştır. Yemlerdeki P_y düzeyinin % 0.1'e düşürülmesi kemik yoğunluğu, kemik mineral içeriği, kemik kırılma direncini azaltmış ölüm oranını da arttırmıştır ($P<0.05$). Yemlerdeki Ca düzeyi % 4'ten % 3'e düşürüldüğünde yumurta özgül ağırlığında da azalmalar görülmüştür. Deneme dönemleri ve P bakımından geniş bir varyasyonun olması, yaşla birlikte farklı performans kriterlerine göre P gereksinmelerinde de farklılık olduğu sonucuna başlanmıştır.

Keshavarz (2003), 4 farklı yumurtacı tavuk hattında (Babcock B300, DeKalb Delta White, Hy-Line ve ISA-White), 4x7 faktöriyel düzende P_y içerikleri farklı yemlere fitaz ilavesinin performans üzerine etkilerini araştırmıştır. Denemede kullanılan yemler aşağıda verildiği gibidir.

Yem 1: P_y düzeyi % 0.45 içerikli yem (20–35 hafta), (36–51 hafta) ve (52–63 hafta) 3 deneme döneminde,

Yem 2: P_y düzeyi % 0.25 (25–35 hafta), P_y düzeyi % 0.20 (36–51 hafta), P_y düzeyi % 0.15 (52–63 hafta),

Yem 3: Yem 2 + 150 Ünite/kg yem fitaz ilaveli,

Yem 4: Yem 2 + 300 Ünite/kg yem fitaz ilaveli,

Yem 5: P_y düzeyi % 0.20 (25–35 hafta), P_y düzeyi % 0.10 (36–51 hafta), P_y düzeyi % 0.10 (52–63 hafta),

Yem 6: Yem 5 + 150 Ünite/kg yem fitaz ilaveli,

Yem 7: Yem 5 + 300 Ünite/kg yem fitaz ilaveli, gruplardan oluşturulmuştur.

Tavuklarda verim performansları, kabuk kalitesi, kemik kül ve toplam P değerlerine bakılmıştır. 36–51 haftalık deneme döneminde 5. grupta verim parametreleri şiddetli bir şekilde olumsuz etkilenmiş ve ölümler de aynı şiddetle artmıştır. Yararlanılabilir P düzeyinin 52–63 haftalık deneme döneminde % 0.10'dan % 0.45'e çıkartılması verim parametrelerinde bir iyileşme sağlamıştır. Altıncı ve 7. grup yemlerine ilave edilen her bir fitaz seviyesi yumurta veriminde artış ve prolapsusa bağlı olmayan ölümler dışında bir azalma sağlamıştır. Kemik külü, yüksek düzeyde fitaz (300 ünite/kg yem) ilavesi yapılan 7. grupta kontrol grubundan daha düşük düzeyde bulunmuştur. Yararlanılabilir P düzeylerinin % 0.25, 0.20 ve 0.15 olduğu 2. deneme grubunda verim kriterleri düşerken ölüm oranı artmıştır. Aynı grup yemlerine (deneme 3) düşük düzeyde fitaz (150 ünite/kg yem) ilavesi yumurta verimi dışında kalan diğer performans özelliklerinde iyileşme sağlamıştır. Tüm verim dönemi ve tüm hatlar bakımından 4. grup yemleriyle (% 0.25, % 0.20, % 0.15 P_y+300 U/kg fitaz) beslenen tavuklar pozitif kontrol (Yem 1) grubuna benzer performans değerleri göstermişlerdir. Toplam P atılımı bakımından kontrol grubu yem 1 dışındaki tüm P_y gruplarında % 55.5'lik bir azalma göstermiştir.

Elde edilen veriler göstermiştir ki; düşük düzeyde P_y içeren yemlerde yüksek düzeyde fitaz ilavesi performans özelliklerini arttırmada, düşük düzeylerdeki fitaz ilavesinden daha etkili olmuştur. Deneme boyunca çeşitli verim özellikleri bakımından tavuk hatları ve yemler arasındaki interaksiyon önemli bulunmuş, verim performansının devamlılığındaki P_y gereksinimi hatlar arasında farklılık göstermiştir. Denemenin 20–35 haftalık döneminde P_y'un % 0.45'ten % 0.25 ve 0.20'ye düşürülmesi yumurta veriminin Babcock B300 ve ISA-White'larda DeKalb ve Hy-

Line'lardan daha düşük bulunmasına neden olmuştur. Yumurta üretiminde de yumurta verimine benzer sonuçlar alınmıştır.

Azman vd. (2005), iki farklı düzeyde P içeren yumurta tavuk yemlerine mikrobiyal fitaz katılmasının yumurta verimi, kabuk kalitesi ve bazı besin maddelerinin sindirimi üzerine etkisini belirlemek amacıyla bir çalışma yapmışlardır. Mısır-soya ağırlıklı temel rasyon (% 0.61 P, % 3.9 Ca, % 15 ham protein (HP) ve 2650 kcal ME/kg) ve % 0,51 toplam P içeren 1. grup ve % 0,50 P içeren rasyona 300 U fitaz/kg ilave edilmesiyle oluşturulan 2. grup olmak üzere toplam 3 grup ile 76 haftalık yaştaki (Nick-chick) yumurtacı tavuklarla bir çalışma yürütmüşlerdir. Araştırma grupları arasında yem tüketimi, yumurta verimi ve yem değerlendirme sayısı bakımından farklılık görülmezken, denemenin 1. grubunda yumurta ağırlığı önemli ölçüde düşük bulunmuştur. Bunun yanında yumurta kabuk kalınlığı ve kabuk ağırlığı bakımından gruplar arasında istatistiki olarak farklılık görülmemiştir. Birinci grupta tibia kül oranı, kontrol ve 2. gruba göre daha az bulunmuştur ($P<0.05$). Rasyona fitaz ilavesi P sindirimini artırırken ($P<0.05$), ham yağ, ham protein ve Ca sindirimini etkilememiştir. 1. grupta serum Ca ve P seviyeleri diğer iki gruba göre düşük çıkmıştır ($P<0.05$). Sonuçta % 0,51 toplam P içeren yumurta tavuğu rasyonlarına 300 U/kg fitaz ilave edilmesi, yumurta verim performansını etkilemediği, ancak P sindiriminin arttığı görülmüştür.

2.3 Yemlere Sitrik Asit ilavesiyle İlgili Yapılmış Çalışmalar

Kornegay (1991), mısır-soya ağırlıklı etlik piliç ve domuz rasyonlarına % 0 ve 1.5 düzeyinde fumarik ve sitrik asit ilavesiyle yaptıkları bir araştırmada, ilk 4 haftada canlı ağırlık kazancı ve yemden yararlanma bakımından sitrik asit önemli etki gösterirken fumarik asitin etkisi daha az ve önemsiz bulunmuştur. Sonuçta sitrik asit ilavesi, etlik piliçlerin fitin fosfordan yararlanımını arttırmış ancak domuzlardaki etkisi daha düşük olmuştur.

İbrahim *et al.* (1997), gemfibrozil ve sitrik asit ilaveli yüksek ve düşük enerjili yemlerle beslenen ördeklerde vücut yağı ve özellikle derideki yağ miktarının önemli derecede azaldığını canlı ağırlık ve karkas randımanının aynı şekilde arttığını bildirmişlerdir.

2.4 Kalsiyum ve Fosfor Düzeyleri ile İlgili Yapılmış Çalışmalar

Blair and Gilbert (1973) tarafından yapılan bir çalışmada canlı ağırlık ortalamaları birbirine benzer 11 aylık yaşta ve % 70 yumurtlama periyodunda olan 20 adet tavuk, % 0.04'ten daha düşük Ca içeren ve ekstra olarak toplam P ilavesi yapılan (% 0.31 ve 0.69) ve yapılmayan yemlerle 4 hafta süreyle beslenmişlerdir. Her iki grup daha sonra % 2.75 Ca ve % 0.6 toplam P içeren standart yumurta tavuğu yemleriyle 4 haftadan fazla bir süre beslenmişlerdir. Başlangıç döneminde yumurta verimi belli belirsiz bir duraklama gösterse de ekstra P ilavesi yapılan grupta önemli bir azalma olmamıştır. Denemede beklenen yumurta verimi, üreme ölçütleri ve iskelet mineralizasyonu üzerine etkileri de benzer bulunmuştur. Sonuç olarak, düşük Ca içerikli rasyonlara P ilave edilmemesi yumurta tavuklarında bir duraklama periyoduna yol açan ucuz ve kolay bir yöntem olabileceği bildirilmiştir.

Ademosun and Kalango (1973) tarafından faktöriyel deneme düzeninde 256 adet 48 haftalık yaşta kafes ve yerde barındırılan Harco tavukları % 2.00, 2.75, 3.50 ve 4.75 Ca ile % 0.4 ve 0.6 toplam P içeren rasyonlarla beslenmişlerdir. Yumurta verimi % 0.6 toplam fosfor içeren yemlerle beslenenlerde % 0.4 toplam fosfor içeren yemlerle beslenenlerden daha fazla bulunmuştur. En yüksek yumurta verimi % 3.5 Ca ve % 0.6 toplam P içeren yemlerle beslenen grupta görülmüştür. Farklı barındırma sistemi yumurta verimi üzerinde önemli bir etki yaratmamıştır. Yumurta kabuk kalitesi (kabuk ağırlığı/yüzey alanı) kalsiyum seviyesinin artmasıyla önemli artış göstermiştir. Farklı barındırma şekli ve fosfor tüketimi yumurta kabuk kalitesi ve yem tüketimi üzerine önemli bir etkide bulunmamıştır. Yem tüketimi Ca seviyesinin bir noktaya kadar yükseltilmesiyle önemli artış göstermiş ancak daha sonra azalmıştır. Kafeste barındırılan tavuklar yerde barındırılan tavuklarla karşılaştırıldığında daha fazla canlı ağırlık kazanmışlardır.

Keshavarz (1986) tarafından 3 seri deneme yürütülmüştür. Deneme 1'de 3 farklı Ca düzeyi (% 3.5, 4.5 ve 5.5) ve 3 farklı P_y düzeyine (% 0.24, 0.44 ve 0.64) sahip yemler 56 haftalık yaştaki tavuklara 16 hafta süresince yedirilmiştir. Farklı düzeyde Ca içeren yemlerle besleme yumurta verimi, yumurta ağırlığı, yem tüketimi, plazma Ca ve P içeriği, kabuk kalitesi ve tibia külü üzerine önemli bir etki göstermemiştir. En düşük düzeyde P_y (% 0.24) içerikli yemlerle beslenenlerde yem tüketimi ve plazma P içeriği daha düşük bulunmuştur. Kalsiyum içeriğinin artmasıyla P tutulumu azalırken Ca tutulumu artmıştır. Yemin P_y düzeyinin Ca ve P tutulumuna önemli bir etkisi görülmemiştir. Deneme 2'de, 4 farklı Ca içeren (% 3.5, 4.5, 5.5 ve 6.5) yemlerle (% 0.44 P_y) 42 haftalık yaştan itibaren tavukları 20 hafta süreyle beslemişlerdir. Verim parametreleri farklı Ca düzeylerinden önemli olarak etkilenmemiştir. Deneme 3'te tavuklar 3 farklı Ca içeren (% 3.5, 5.0 ve 6.5) yemlerle (% 0.38 P_y) 80 haftalık yaştan itibaren 16 hafta süreyle beslenmişlerdir. Yumurta verimi ve yumurta ağırlığı % 6.5 Ca içeren yemlerle beslenenlerde düşük Ca içeren yemlerle beslenenlerden daha düşük bulunmuştur.

Bu denemeler yüksek düzeyde Ca içeriğinin yaşlı tavuklarda performansı olumsuz etkileyebileceğini göstermiştir. Kısa sürelerle yüksek Ca içerikli yemlerle besleme genç tavukların performans değerleri üzerinde önemli bir etki göstermemiştir. Performans değerleri üzerine CaxP arasında önemli bir interaksiyonun bulunmaması, Ca/P_y oranının büyüme dönemindeki genç tavuklarda çok önemli olmadığı sonucunu doğurmaktadır.

Hartel (1989) tarafından 22 haftalık yaşta 2688 adet Lohmann-SL hattına ait tavuklarla, 6x7 faktöriyel düzende 6 Ca düzeyli (% 2.0, 2.5, 3.0, 3.5, 4.0 ve 4.5) 7 farklı P_t düzeyli (% 0.32, 0.42, 0.52, 0.62, 0.72, 0.82 ve 1.62) rasyonlar ile 42 grupta 8 tekerürlü olarak 40 haftalık bir deneme yürütmüştür. Deneme yemleri mısır-soya ağırlıklı olarak 2750 ME kcal /kg ve 175 g/kg proteinli, farklı düzeyde Ca ve P içerecek şekilde hazırlanmıştır. Araştırmada ölüm oranı, yumurta verimi, yumurta ağırlığı, yumurta üretimi, yem tüketimi, yem değerlendirme sayısı, kabuk kırılma direnci, kabuk ağırlığı ve hasarlı yumurta oranı gibi kriterler incelenmiştir. İncelenen tüm kriterler Ca, P ve interaksiyon değerlerinden önemli oranda etkilenmiştir. Çoğu verim özellikleri bakımından % 0.32 ve 0.52 P_t değerleri arasında büyük artış ve azalmalar görülürken, % 0.52 ve 0.82 P_t değerleri arasında ve % 1.62 P_t değerlerinde daha düşük artışlar gözlenmiştir. Optimum etki % 2.5 Ca içeren yemlerle beslenenlerde görülürken en kötü değerler ise % 4.5 Ca içeren gruplarda gözlenmiştir. CaxP interaksiyonu bakımından ise % 0.32 P_t düzeyinde % 3.5 ve % 4.5 Ca düzeyleri performans değerlerinde ağır depresif etki yaratmış ve ölüm oranları artmıştır. Bu durum P_t düzeylerinin arttırılmasıyla geniş oranda dengelenmiştir. Başka bir deyişle % 0.72 ve 1.62 P_t düzeylerinde sırasıyla % 2.5 ve 4.5 Ca düzeyleri yumurta veriminde çok küçük değişiklere neden olabilecek düzeyler olarak önerilmiştir. Sonuç olarak yumurta tavukları için yem Ca içeriği % 2.5 düzeyine düşürüldüğünde % 0.32 P_t veya 360 mg P_t/tavuk/gün düzeyinin uygun olacağı düşünülmüştür. Bununla birlikte daha yüksek yumurta verimi ve en düşük ölüm oranını elde etmek için % 0.70 P_t'dan % 0.80 P_t düzeyine veya 880–1020 mg P_t/tavuk/gün fosfora ihtiyaç olduğu bildirilmiştir. Aynı zamanda hasarlı yumurta oranını mümkün olduğunca düşük düzeyde tutmak için de yem Ca içeriğinin genellikle % 3.0 düzeyini aşmaması gerektiği bildirilmektedir.

Keshavarz (1987) yumurta tavuklarında Ca ve P oranlarının performans üzerine etkilerini araştırmak amacıyla bir çalışma yapmıştır. Çalışmada 1080 adet 20 haftalık yaşta White Leghorn tavukları kullanılmıştır. Deneme 3x2 faktöriyel düzende 3 Ca düzeyi (% 3.5, 5 ve 6.5) ve 2 farklı P_y düzeyi (% 0.20 ve 0.50) olmak üzere 6 grupta 6 tekerrürlü ve her tekerrürde 30 tavuk olacak şekilde düzenlenmiştir. Yumurta verimi, yumurta üretimi, yem değerlendirme sayısı % 6.5 Ca düzeyinde % 0.20 P_y içeren yemlerle beslenen tavuklarda önemli bir azalma gösterirken ölüm oranı da önemli bir artış göstermiştir. Bu parametreler diğer Ca ve P_y düzeylerinde önemli derecede etkilenmemiştir. CaxP interaksiyonu yumurta verimi, yumurta üretimi, yem değerlendirme sayısı ve ölüm oranları bakımından önemli bulunmuştur. % 6.5 Ca ve % 0.20 P_y içeren yemi tüketen gruplarda böbrek ve gut hastalığı tespit edilirken diğer gruplarda buna benzer hiç vaka tespit edilmemiştir. Sonuç olarak yüksek düzeyde Ca (% 6.5) ve düşük düzeyde P_y içeriğinin (% 0.20) yumurta verimi ve diğer performans değerlerini düşürürken, ölüm oranını arttırdığı bildirilmiştir. Bu çalışma sonucuna göre yem fomülasyonları hazırlanırken, tavukların yumurta verimlerinin dikkate alınmasının ve Ca/P_y oranlarının korunmasının önemli olduğu vurgulanmıştır.

Frost and Roland (1991) tarafından 25 haftalık yaşta 1080 adet Dekalb XL tavuklarını 3x3 faktöriyel düzende 9 grup ve her grupta 5 alt grup ve her alt grupta 24 tavuktan oluşacak şekilde bir çalışma yapılmıştır. Denemede 3 farklı Ca düzeyi (% 2.75, 3.75 ve 4.25) 3 farklı P_y düzeyi (% 0.30, 0.40 ve 0.50) olmak üzere rasyonlar hazırlanmış, pik verimdeki tavuklarda kabuk kalitesi, tibia ağırlığı, tibia kırılma direnci, tibia külü ve kemik mineral içeriğine bakılmıştır. Yem tüketimi yemlerde Ca ve P_y içeriğinin artmasıyla artarken, yumurta özgül ağırlığı sadece Ca düzeyinin artmasıyla önemli bir artış göstermiştir. Yumurta verimi, canlı ağırlık ve plazma P içeriğini yemlerin Ca içeriği etkilememiştir. Tibia kırılma direnci, tibia ağırlığı, tibia külü ve kemik mineral içeriği yem Ca içeriğinin artmasıyla öçnemli bir artış göstermiştir. P_y düzeyinin önemli bir etkisi görülmemiştir. Bununla birlikte yemlerdeki Ca düzeyinin % 2.75 olması durumunda P_y içeriğinin de düşürülmesi tibia ağırlığı, tibia külü ve kemik mineral içeriğini düşürmüştür. Sonuç olarak düşük Ca düzeylerinde P_y düzeyinin arttırılmasının zayıf kemik gelişimine neden olduğu bildirilmiştir.

Wilson (1991) kafeste barındırılan tavuklarda farklı Ca ve P düzeylerinin (1. grup % 3.6 Ca ve % 0.52 P_t, 2. grup % 4.2 Ca ve % 0.69 P_t) kül içeriği, canlı ağırlık ve radius kemiği kırılma direnci üzerine etkilerini araştırmıştır. Yumurtlama periyodunun 3 – 4 hafta öncesindeki radius kemik direnci, yumurtlayan tavuklardan daha yüksek bulunmuştur. Kemik kırılma direnci kemik kül içeriğinin artmasıyla artmıştır. Kemik kırılma direnci ve radius esnekliği son 8 haftalık yumurtlama periyodunda Ca ve P_t düzeyinin artmasından etkilenmemiştir. Canlı ağırlığın, kırılma direncinin önceden tespitinde bir kriter olmadığı sonucuna varılmıştır. Kemiklerin taze, dondurulmuş veya çözdürülmüş şekilde test edilmesi kırılma direncini etkilememiştir.

Abdallah Abdou *et al.* (1993) 56 haftalık yaşta Hy-Line W36 tavukları deneme öncesi ağır ve hafif yumurta kabuk ağırlığına sahip olmaları bakımından 2 gruba ayırmışlardır. Kabuk ağırlıkları 5.9 g'dan fazla olanlar ağır, kabuk ağırlığı 5.5 g'dan az olanlar hafif kabuk ağırlığına dahil edilmişlerdir. Bu farklı kabuk ağırlığına sahip tavuklar farklı Ca ve P içeren yemlerle beslenerek performans, kabuk ve kemik kriterleri incelenmiştir. Bu amaçla 2 seri deneme düzenlenmiştir.

Deneme 1, 8 tekerrürlü ve her tekerrürde 5 tavuk olacak şekilde 3x2 faktöriyel düzende; 2 farklı yumurta kabuk ağırlığına sahip tavuklar Ca ve P_t (toplam fosfor) düzeyleri farklı 3 farklı yemle beslenmişlerdir. Yemler;
1. Grup (kontrol) ; % 3.9 Ca, % 0.55 P_t
2. Grup (düşük Ca); % 2.2 Ca, % 0.55 P_t
3. Grup (yüksek P); % 3.9 Ca, % 0.90 P_t içerecek şekilde hazırlanmıştır.

Deneme 1'in sonunda yumurta ağırlığı, kabuk ağırlığı, özgül ağırlık ve kabuk oranı bakımından kabuk ağırlığı yüksek olan gruplar düşük olanlardan daha fazla etkilenmiştir. Fosfor içeriğinin yüksek olması kabuk ağırlığını etkilemezken düşük Ca içeriği (% 2.2 Ca) özellikle kabuk ağırlığı fazla olan gruplarda kabuk ağırlığının azalmasına neden olmuştur. Özgül ağırlık ve kabuk oranına yüksek P_t düzeyinin önemli bir etkisi olmamıştır. Bununla birlikte yüksek ve düşük kabuk ağırlıklı yumurtaya sahip tavuklarda düşük Ca içerikli yemle besleme özgül ağırlık ve kabuk oranını düşürmüştür. Yumurta verimi yüksek kabuk ağırlığına sahip gruplardan düşük Ca ve yüksek fosfor içerikli yemi tüketenlerde kontrol grubuna göre daha düşük bulunmuştur. Yem tüketimi, yüksek kabuk ağırlığına sahip olanlarda daha yüksek bulunmuştur. Yem değerlendirme sayısı yüksek kabuk ağırlıklı gruplardan düşük Ca içerikli yemle beslenenlerde önemli bir artış göstermiştir. Bu durum yumurta veriminin düşmesinden kaynaklanmıştır. Kalsiyum tüketimi düşük Ca içeren yemlerle beslenenlerde yüksek fosfor içeren yemlerle beslenenlerden daha düşük bulunmuştur. Bu da düşük ve yüksek kabuk ağırlıklı tavukların yem tüketimlerinin farklı olmasından kaynaklanmıştır. Kabuk kalsiyum içeriği her iki kabuk ağırlığı grubunda düşük Ca içeriğiyle düşerken kalsiyum yararlanımı artmıştır. Yüksek yumurta kabuk ağırlığına sahip tavuklar düşük kabuk ağırlıklı tavuklardan daha fazla Ca tüketmişler ve Ca yararlanımı da daha yüksek olmuştur.

Deneme 2'de düşük Ca içerikli yemle beslenen tavuklar iki gruba ayrılmış; 1. Grupta düşük Ca içerikli (% 2.2 Ca) yemle beslemeye devam edilirken, 2. Grup yetersiz Ca içeren (% 1.7 Ca ve % 0.55 P_t) yemle beslenmişlerdir. Aynı zamanda yüksek P_t içerikli yemle beslenen gruplar da 2 gruba ayrılarak; 1. Grup yüksek P_t içerikli yemle beslemeye devam edilirken 2. Grup yüksek P_t (% 0.99 P_t) ve yüksek Ca (% 4.4 Ca) içerikli yemle beslenmişlerdir. Bu yeni gruplar 4 tekerrürlü ve her tekerrürde 5 tavuk olacak şekilde deneme 4 hafta sürdürülmüştür. Kontrol grubu (% 3.9 Ca ve % 0.55 P_t) ise 8 tekerrürlü olarak devam ettirilmiştir.

Deneme 2'de kabuk ağırlığı, düşük ve yetersiz Ca gruplarında daha düşük bulunmuş, özgül ağırlık ve kabuk oranı da düşük Ca içeriğinden olumsuz etkilenmiştir. Yumurta verimi, yumurta kütlesi düşük kabuk ağırlığına sahip tavuklarda düşük (% 2.2) ve yetersiz (% 1.7) Ca ile yüksek P_t (% 0.90) gruplarında önemli ölçüde düşmüştür. Ağır kabuklularda sadece yetersiz Ca düzeyi olumsuz etkilemiştir. Yem değerlendirme sayısı her iki kabuk ağırlığı grubunda yetersiz Ca içeren yemlerle beslenenlerde daha düşük bulunmuş ve bu da yetersiz Ca ile beslenenlerde yumurta veriminin düşük olmasından kaynaklanmıştır. P tüketimi yüksek P_t ile yüksek P_t ve yüksek Ca tüketen gruplarda daha yüksek bulunmuştur. Ca tüketimi ise yüksek Ca ve yüksek P_t gruplarında diğer gruplara göre daha yüksek bulunmuştur. Kabuk Ca içeriği düşük ve yetersiz Ca içerikli yemlerle beslenenlerde diğer gruplara göre düşerken Ca yararlanımı artmıştır. Kemik kırılma direnci yüksek kabuk ağırlına sahip olanlarda daha yüksek bulunmuştur. Plazma Ca içeriği, yetersiz Ca içerikli yemle beslenen hafif kabuklu grularda daha düşük bulunmuştur. Ancak her iki denemede de plazma Ca ve P içeriği hafif kabuklu gruplarda yüksek kabuklulardan daha fazla olmuştur. Bunun nedeni hafif kabuklular daha fazla Ca absorbe etmekte fakat bunu kabuğa transfer etmekte problem yaşamaktadır. Fosfor bakımından ise düşük kabuk ağırlıklı tavuklar yüksek kabuk ağırlıklılara göre daha yüksek plazma P içeriğine sahip olmuşlardır. Bu durumun yumurta kabuk kalitesini olumsuz etkilediğini bildirmişlerdir. Yüksek ve düşük kabuk ağırlıklı gruplarda kemik külünün benzer olmasını düşük kabuk ağırlıklı tavukların Ca'u kemik oluşumunda daha etkin kullandığı sonucuna bağlamışlardır.

Leeson *et al.* (1993) kahverengi yumurtacı tavukların (toplam 128 adet) Ca ve P gereksinimlerini belirlemek amacıyla 2 ayrı deneme yürütmüşlerdir. Birinci denemede % 3.5 Ca düzeyinde % 0.25, 0.30, 0.35 ve 0.40 P_y düzeyindeki yemlerle tavuklar 19 haftalık yaştan 71 haftalık yaşa kadar beslenmişlerdir. Fosfor düzeyinin iki ekstrem düzeyinde kabuk deformasyonları ortaya çıkmıştır. İkinci denemede ise 19 haftalık yaştaki tavuklar % 0.40 P_y düzeyinde % 2.8, 3.4, 3.8 ve 4.2 Ca içerikli yemlerle 71 haftalık yaşa kadar beslenmişlerdir. Yemlerin bazı performans ve kalite kriterlerine önemli bir etkisi olmamıştır. Ancak yumurta ağırlığında yemlerde Ca içeriğinin artmasıyla doğrusal oranda bir düşme görülmüştür ($P<0.01$). Genel olarak bu çalışma sonucunda % 3.5 Ca düzeyinde P_y düzeyi % 0.30'dan fazla olmaması başka bir deyişle günde 119 g yem tüketen kahverengi yumurtacı tavukların Ca gereksiniminin 3.4 g Ca/tavuk/gün olarak yeterli olduğu yaralanılabilir fosfor ihtiyacının ise günde 358 mg olarak belirlenmesinin ihtiyacı karşılayacağı sonucuna varılmıştır. Aynı konuda Roush et al. (1986) beyaz legornlarda P_y ihtiyacını % 0.48 olarak önermiş olsalar da bu araştırıcılar tavukların yem tüketimlerini dikkate almadan bu değerlendirmeyi yapmışlardır. Sonuçta kahverengi yumurtacıların beyaz yumurtacılardan daha fazla yem tükettiklerinden rasyonlarında daha az Ca'a ihtiyaç duydukları bildirilmiştir.

Gordon and Roland (1998), 58 haftalık yaşta 536 adet Hy-Line® W–36 ticari yumurtacı tavuklarla 6 haftalık süreyle yaptıkları çalışmada fitaz ilavesinin Ca ve P yararlanımı üzerine etkisini belirlemeyi amaçlamışlardır. Rasyonlar faktöriyel düzende 3 Ca seviyesi (% 2.5, 2.8 ve 3.1), 2 yararlanılabilir fosfor seviyesi (% 0.1 ve 0.3) kullanılarak rasyonlar (% 16.8 HP, 2865 kcal ME/kg) fitaz ilaveli ve ilavesiz olarak 3x2x2 faktöriyel düzende 12 grupta düzenlenmiştir. Deneme 3 tekkerrürlü ve her tekerrürde 16 tavuk olacak şekilde düzenlenmiştir. Araştırılan kriterler özgül ağırlık, yem tüketimi, yumurta verimi, yumurta ağırlığı, yumurta kabuk ağırlığı, kemik kalitesi ve canlı ağırlık olarak belirlenmiştir.

Rasyonda Ca içeriğinin artması 1. haftadan itibaren kabuk kalitesini önemli derecede iyileştirmiştir. Kabuk kalitesindeki önemli iyileşme 1. haftadaki fitaz ilavesinden kaynaklanmıştır. Yararlanılabilir fosforun % 0.1'den % 0.3'e arttırılması 3. haftaya kadar yumurta özgül ağırlığını etkilememiş, ancak 1. ve 2. haftada Ca yararlanımının iyileşmesini sağlamıştır. Üçüncü haftadan 6. haftaya kadar kabuk kalitesindeki önemli iyileşme % 0.1 P_y ve fitaz ilavesi yapılan grupta, fitaz ve P arasındaki interaksiyondan kaynaklanmıştır. Bu interaksiyon 3 ve 6 haftalık dönemde yem tüketimi, yumurta verimi ile 4–6 haftalık sürede yumurta ağırlığında da gözlenmiştir. Fitaz ilavesi kemik mineral içeriği ve kemik yoğunluğunu sırasıyla % 6.1 ve 5.8 olarak arttırmıştır. Fitaz ilavesi düşük fosfor içerikli yemlerde önemli ilerleme sağlamış ve düşük Ca içerikli rasyonlarların tavukların performansı üzerine olumsuz etkilerini azaltmıştır. Ayrıca fitaz ilavesi Ca içeriği % 3.1 ve daha az olan rasyonlarla beslenen tavuklarda Ca yararlanımını artırmıştır.

Lim *et al.* (2003) tarafından yürütülen bu çalışmada 2x2x2 faktöriyel düzende, 2 farklı Ca düzeyi (% 3 ve 4), 2 farklı P_y düzeyi (% 0.15 ve 0.25) ve 2 farklı fitaz (0 ve 300 U/kg) düzeyli yemler ve 21–41 haftalık yaşlar arasındaki 960 adet ISA-Brown tavukları kullanılmıştır.

Yumurta verimi bakımından $P_y$xfitaz interaksiyonunun etkisi önemli bulunmuştur. Yüksek P_y düzeylerinde (% 0.25) fitaz ilavesi sadece ikinci 10 haftalık periyodda (31–41 hafta) yumurta verimini önemli olarak etkilemiştir ($P<0.05$). Kalsiyum ve fosfor interaksiyonunun etkisi de önemli bulunmuş, yüksek P_y düzeylerinde (% 0.25) düşük Ca seviyesi (% 3) ilk 10 haftalık dönemde (21–31 hafta) yem tüketiminde arttırıcı etki yaratmıştır. İlk 10 haftalık deneme döneminde düşük P_y düzeyi (% 0.15) yumurta özgül ağırlığı ve kabuk kalınlığını iyileştirirken haugh birimini düşürmüştür. İkinci dönemde yüksek P_y (% 0.25) kabuksuz ve kırık yumurta oranının artmasına neden olmuştur. Düşük Ca düzeyi (% 3) her iki dönemde yumurta özgül ağırlığı, kabuk kırılma direnci ve kabuk kalınlığını düşürürken ikinci 10 haftalık periyodda haugh birimini arttırmıştır. Fitaz ilavesi kabuksuz ve kırık yumurta oranını azaltmıştır. Yüksek P_y düzeyi (% 0.25) Ca yararlanımını düşürürken selülozdan yararlanımı arttırmıştır. Yemlerde yüksek düzeyde Ca kullanımı (% 4) Ca yararlanımını düşürürken fitaz kuru madde, selüloz ve P yararlanımını arttırmıştır. Yüksek P_y (% 0.25) içeriği, P ve Fe tutulumunu arttırırken P atılımını da arttırmıştır. Yüksek Ca (% 4) içeriği, Zn ve Fe tutulumunu düşürmüştür. Fitaz ilavesi P tutulumunu arttırırken sonuçta P atılımını düşürmüştür. Sonuç olarak yumurta tavuğu yemlerine 300 U/kg yeme fitaz ilavesi yumurta verimini arttırmış, aynı zamanda kabuksuz ve kırık yumurta oranı ile P atılımını da düşürmüştür. Fitaz ilavesi bu şekilde düzenlenen Ca ve P_y düzeylerinde önemli etki göstermiştir.

Liebert *et al.* (2005), yumurta tavuklarında (Lohmann Brown) iki deneme düzenlemiştir. Deneme 1 ve 2'de mısır-soya ve buğday-soya ağırlıklı temel rasyonlarla (% 0.12 yararlanılabilir P, % 3.1 Ca) beslenen 22–61 haftalık yaştaki (21 tavuk) tavuklarda performans üzerine fitaz ilavesinin etkisini araştırmayı amaçlamışlardır. Mikrobiyal fitaz rasyona 300 U/kg, inorganik fosfor ise 1.5 g/kg ilave edilmiştir. Deneme 1'de ölüm oranı, yem tüketimi, yumurta verimi, yumurta ağırlığı ve canlı ağırlık bakımından önemli bir farklılık gözlenmemiştir (P>0.05). Tibia kemiği mineral kompozisyonu mikrobiyal fitazdan önemli bir şekilde etkilenmiştir. Düşük P içerikli mısır-soya ağırlıklı rasyonlarla beslenen hayvanlara mikrobiyal fitaz ilavesi yem değerlendirme sayısının önemli bir şekilde iyileşmesine neden olmuştur (P<0.05). Deneme 2'de sadece yem değerlendirme sayısı mikrobiyal fitaz ilavesinden önemli olarak etkilenmiştir. Fitaz ilavesi P atılımı, P dengesi, P yararlanımı, N dengesi, N yararlanımı ve enerji dengesi üzerinde önemli bir etkiye sahip olmamıştır.

2.5 Farklı Kalsiyum Fosfor Düzeylerinde Sitrik Asit ve Diğer Katkı Maddeleriyle Yapılmış Çalışmalar

Walter *et al.* (1998) tarafından mısır-soya ağırlıklı yemlerde *in vitro* olarak yürütülen bir çalışmada sitrik asitin kalsiyum, magnezyum, manganez, kadmiyum ve kurşun çözünürlüğüne etkileri araştırılmıştır. Mısır-soya esaslı, kg da 5 g Ca, 1.2 g Mg, 50 mg Mn, 22 mg Zn, 10 mg Pb ile 5 mg Cd içeren temel yeme % 0, 1, 2, 3 ve 4 düzeylerinde sitrik asit ilave edilerek deneme grupları oluşturulmuştur.

Yapılan bu araştırma koşulları altında % 1 ve 2 oranında sitrik asit ilavesi Ca, Mg, Mn, Zn, Pb ve Cd çözünürlüğünü önemli oranda artırmıştır (P< 0.05). Çinko, kurşun ve kadmiyum tutulumu % 3 sitrik asit ilaveli rasyonla % 0, 1 ve 2 ilaveli gruplara göre daha fazla bulunmuştur (P< 0.05). Mangan tutulumu, % 4 sitrik asit ilaveli rasyonda % 0, 1 ve 2 ilaveli grupla karşılaştırıldığında önemli miktarda daha fazla bulunmuştur (P< 0.05). Sonuçta sitrik asitin minerallerle oluşturduğu kompleks, fitik asitin *in vitro* koşullarda minerallerle oluşturduğu komplekten daha kolay kırılabildiği görülmüştür. Sitrik asit tarafından serbest bırakılan pozitif yüklü bu iyonların çözünmez durumda olan fitik asitteki pozitif yüklü bağların ayrışmasını sağladığı sonucuna varılmıştır.

Boling *et al.* (2000c), fosfor içeriği yetersiz % 0.42 (% 0.10 P_y) ve Ca içeriği % 0.62 olan, mısır-soya ağırlıklı rasyonla beslenen civciv ve domuzlarla bir çalışma yürütmüşlerdir. Fosforca yetersiz civciv rasyonlarına ilave edilen (% 0, 1, 2, 4 ve 6) sitrik asit+sodyum sitrat (1:1) seviyesinin artmasına paralel olarak, canlı ağırlık ve tibia külünde de önemli miktarda bir artış gözlenmiştir ($P<0.01$). Sitrik asit içermeyen grupla karşılaştırıldığında, % 6 sitrik asit içeren grupta tibia külü (%) ve canlı ağırlık artışında (g/gün) sırasıyla % 43 ve % 22' lere varan bir artış gözlenmiştir. Civciv rasyonlarına ayrı ayrı sitrik asit ve sodyum sitrat ilavesi, karışım olarak verilmesi kadar yararlı olmuştur. Fitaz enzim ilavesi 1.450 U/kg + % 6 sitrik asit +sodyum sitrat ilaveli rasyonla beslenen civcivlerde, canlı ağırlık kazancı ve tibia kül değerleri bakımından pozitif sonuçlar alınmıştır.

Çeşitli Ca/P_y oranlarına sahip sitrat ilaveli ve ilavesiz gruplarda sitrik asit öncelikle fitat fosfor yararlanımını etkilemiş ancak civcivlerde Ca yararlanımına bir etkisi olmamıştır. Üstelik fosforca yetersiz rasyonlara (% 0.13 P_y) sitrat ilavesi önemli bir etki göstermemiştir. Sonuçta rasyonlara sitrik asit ilavesi fitat fosfor yararlanımını arttırmıştır.

Boling *et al.* (2000d) tarafından yararlanılabilir fosfor düzeyi % 0.10 olan mısır-soya ağırlıklı rasyonla beslenen Single Comb White Legorn tavuklarla bir çalışma yürütülmüştür. Deneme rasyonları, % 0.10 P_y, % 3.8 Ca ve % 17 ham protein (HP) içerecek şekilde düzenlenmiş, bu temel rasyona sitrik asit % 0, 1, 2, 3 ve 4 düzeyinde ilave edilerek 5 deneme grubu oluşturulmuştur. Ayrıca, % 0.45 P_y içerikli pozitif bir kontrol grubu daha oluşturulmuştur (6. deneme grubu). Her bir deneme grubu 6 tekerrürlü ve her tekerrüründe 12 tavuk olacak şekilde, 22 haftalık yaştan 40 haftalık yaşa kadar deneme yemleriyle beslenmişlerdir.

Denemenin ilk 4 haftasında deneme grupları arasında performans özellikleri bakımından önemli bir farklılık görülmemiştir. Yumurta üretimi, yem tüketimi, yem değerlendirme sayısı ve yumurta verimi, sitrik asit düzeyi % 0, 1, 2, 3 ve 4 olan gruplarda, P_y düzeyi % 0.45 olan yemlerle beslenen gruplarla karşılaştırıldığında daha kötü bulunmuştur. Çalışma sonunda % 3.8 Ca içeren mısır-soya ağırlıklı rasyonlarla beslenen yumurta tavuklarında sitrik asit ilavesi, fosfor yararlanımında önemli bir iyileşme göstermemiştir. Bu çalışmada olumsuz sonuçlar alınmasının sebebini araştırıcılar rasyonda Ca düzeyinin yüksek tutulmasına bağlamışlardır.

Ahmed (2001) fosforca yetersiz mısır-soya ağırlıklı civciv rasyonlarına sitrik asit ilavesinin fitat fosfor yararlanımını arttırma etkisini belirlemek amacıyla bir araştırma yürütmüştür. Sitrik asit+sodyum sitrat (1:1), sitrik asit+sodyum sitrat+potasyum sitrat (1:1:1) karıştırılarak % 0, 4.5 ve 6 düzeyinde P_y fosfor içeriği % 0.22 ve Ca içeriği % 0.91 olan fosforca yetersiz civciv rasyonlarına ilave edilmiştir. Her bir deneme rasyonu 8 civcivden oluşan deneme gruplarına 0–42 günlük yaşlarda verilmiştir. Sitrat ilave seviyesi % 4.5 olan rasyonlarla beslenen civcivlerde performans değerleri artış göstermiştir. Karkas kalitesi, tibia ağırlığı ve kül değerleri bakımından % 4.5 sitrik asit+sodyum sitrat+potasyum sitrat ilavesi bu rasyonla beslenen civcivlerde iyileşmeye neden olmuştur. Tibia kemiği kül değerleri sitrik asit+sodyum sitrat+potasyum sitrat ilaveli yemle beslenen grupta, sitrik asit+sodyum sitrat ilaveli gruptan daha fazla bulunmuştur. Yapılan bu çalışma % 4.5 sitrik asit+sodyum sitrat+potasyum sitrat ilavesinin, 0–45 günlük yaştaki civcivlerde fitat fosfor yararlanımını arttırdığını göstermiştir.

Angel *et al.* (2001a), etlik piliçlerde yararlanılabilir fosforun az kullanılmasına fitaz, 25-hydroxycholecalciferol ($25OHD_3$) ve sitrik asit ilavesinin etkisini araştırmak amacıyla bir çalışma yapmışlardır. Deneme faktöriyel düzende 3 fitaz seviyesi (0, 200 ve 500 FTU/kg), iki $25OHD_3$ seviyesi ve 2 sitrik asit seviyesi (% 0 ve 3) belirlenerek, P_y seviyesi % 0.16 ve Ca düzeyi % 0.80 olan rasyonlara ilave edilmiştir.

Bu 3 farklı katkı ilaveli gruplarda P_y seviyesi % 0.24, 0.32 ve 0.40 olmak üzere dereceli olarak artırılmıştır. Performans değerleri 14–24 günlük yaşa kadar, kül miktarları da 24. günde sağ tibia kemiklerinde tespit edilmiştir. Canlı ağırlık kazancını hiçbir katkı maddesi önemli olarak etkilemezken ($P \geq 0.05$), yem tüketimi sitrik asit ilaveli gruplarda daha düşük bulunmuştur ($P \leq 0.05$).

Fitaz enzimi, $25OHD_3$ ve sitrik asitin esas etkileri tibia kemik kül değerleri bakımından önemli olmuştur ($P \leq 0.05$). Yem değerlendirme sayısı fitaz ve sitrik asit ilavesinde pozitif olarak etkilenmiştir ($P \leq 0.05$). Bu katkı maddelerinin uygun olan tek başına etkileri 200, 500 FTU fitaz/kg, % 3 sitrik asit, 70 µg/kg $25OHD_3$ ilave edildiğinde sırasıyla % 0.014, 0.048, 0.035 ve 0.030 P_y değerleri elde edilmiştir. Sonuç olarak, bu katkı maddesi rasyonlara yüksek düzeylerde ilave edildiğinde P_y düzeyini % 0.116 arttırarak en uygun etkiyi göstermişlerdir.

Angel *et al.* (2001b) tarafından yürütülen bu çalışma sitrik asit ve fitazın, yararlanılabilir fosforun düşük düzeyinde (% 0.44) civcivlerdeki etkilerini belirlemek amacıyla yapılmıştır. Deneme 3 fitaz enzim seviyesi (0, 300 ve 600 FTU/kg), 4 sitrik asit seviyesi (% 0, 1, 2 ve 3) ile faktöriyel olarak düzenlenmiştir. İlaveler fosfor içeriği düşük (% 0.44) ve kalsiyum seviyesi % 1.20 olan rasyonlara yapılmıştır. Rasyonlarda P_t içeriği dereceli olarak (% 0.53, 0.59 ve 0.74) arttırılmıştır. 8–15 ve 16 günlük yaşta performans değerleri ile kesilen civcivlerde sağ tibia, sağ ve sol orta parmaklar kül değerleri tespit edilmiştir.

Fitaz enzimi ile sitrik asit ilavesi canlı ağırlık kazancı, yem tüketimi, yem değerlendirme sayısı, ayak ve tibia kül değerlerini önemli olarak etkilemiştir ($P \leq 0.05$). Rasyonlarda P_y kullanımının azaltılmasında sitrik asit ve fitaz enziminin etkileri önemli bulunmuştur ($P \leq 0.05$). Sitrik asit ise % 3 seviyesinde % 0.031 P tutulumu sağlayarak önemli olarak etkilemiştir ($P \leq 0.05$). Ayak kül değerleri ele alındığında % 3 sitrik asit ve 600 FTU/kg fitaz ilavesi sırasıyla % 0.031 ve 0,0875 P_y ihtiyacının azaltılmasını sağlamıştır. Sitrik asit (% 3) ve fitaz (600 FTU/kg) birlikte kullanıldığı zaman tibia ve parmak külü bakımından P_y tutulumu sırasıyla % 0.130 ve 0.125 olarak bulunmuştur.

Boling *et al.* (2001) tarafından 8–22 günlük yaşlar arası mısır-soya ağırlıklı yemlerle beslenen etlik piliç yemlerine sitrik asit ilavesinin Ca ve P'un yararlanımına etkilerini incelemek amacıyla 4 seri deneme yürütmüşlerdir.

Deneme 1: civcivlerin Ca gereksinimi üzerine sitrik asitin etkisini belirlemek amacıyla düzenlenmiştir. Bu amaçla Ca'ca yetersiz kontrol rasyonuna (% 23 HP, % 0.54 Ca ve % 0.45 P_y) kalsiyum gereksinimini karşılamak üzere % 0, 0.1, 0.2, 0.3, 0.4, 0.5, 0.6 ve 0.7'lik ilave Ca içerecek şekilde (kireç taşı kullanılmış) hazırlanan civciv rasyonlarına sitrik asit % 0 ve 6 düzeyinde ilave edilmiş,

Deneme 2: yararlanılabilir fosfor düzeyleri farklı (% 0.20 ve 0.45) civciv rasyonlarına sitrik asit % 0, 2, 4 ve 6 düzeyinde,

Deneme 3: fosforca yetersiz kontrol rasyonuna (% 23 HP, % 1.3 Ca ve % 0.20 P_y) fosfor gereksinimini karşılamak üzere % 0, 0.05, 0.10, 0.15, 0.20 ve 0.25'lik P_y içerecek şekilde (inorganik P kaynağı olarak KH_2PO_4 kullanılmış) hazırlanan civciv rasyonlarına sitrik asit % 0 ve 6 düzeyinde,

Deneme 4: Deneme 3'te verilen rasyonlara sitrik asit % 0 ve 4 düzeyinde ilave edilmiştir.

Deneme 1'de, civcivlerin kalsiyum yararlanımı üzerine % 6 sitrik asit ilavesinin önemli bir etkisinin olmadığı görülmüştür. Deneme 2'de, % 4 ve 6 düzeyinde sitrik asit ilaveli rasyonlarla beslenen civcivlerde performans ve kemik kül değerleri bakımından daha yüksek değerler elde edilmiştir. Deneme 3-4'te, düşük düzeylerde fosfor içeren ve sitrik asit ilave edilmiş yemlerle beslenen civcivlerde canlı ağırlık kazancı ve tibia kül değerleri, sitrik asit ilave edilmemiş yemlerle beslenen civcivlerle karşılaştırıldığında önemli miktarda yüksek bulunmuştur ($P<0.05$).

Yapılan bu çalışma, yararlanılabilir fosfor düzeyi yaklaşık % 0.10 olan mısır-soya ağırlıklı civciv rasyonlarına sitrik asit ilavesinin, fosfor yararlanımını arttırdığını göstermiştir. Araştırıcılar ayrıca sitrik asitin bağırsak içeriği pH'sını düşürme konusunda çok büyük etkilerinin olamayacağını, organik asitlerin sindirim sisteminde hızlı metabolize olduklarını bildirmişlerdir.

Rodriguez *et al.* (2002) tarafından yürütülen bir araştırmada sitrik asit (SA) ve fitaz enziminin yumurta tavuklarında performans özelliklerine, dışkıda nitrojen ve fosfor içeriğine, tüm yumurta ve yumurta kabuğunda Ca ve P içeriğine etkisini belirlemek amaçlanmıştır. Sitrik asit ilavesi fitaz seviyesi 0–600 ünite olan (UF) rasyonlara % 0, 0.6 ve 2 düzeyinde yapılmıştır. Deneme sonunda 600 UF fitaz+ % 2 sitrik asit ilavesi yapılan rasyonlarla beslenen tavuklarda yumurta ağırlığında artış ve dışkıdaki fosfor içeriğinde % 50'den daha fazla bir azalma tespit edilmiştir. Dışkıdaki azot içeriğinde sitrik asit ilave edilmesiyle önemli azalma görülmüştür ($P<0.01$). Sonuç olarak sitrik asit ve fitaz enziminin yumurtacı tavukların ikinci verim dönemi rasyonlarına ilave edilmesi yumurta ağırlığını artırırken, vücuttan N ve P atılımını azaltmıştır.

Afsharmanesh *et al.* (2003) tarafından yapılan çalışmada mısır-soya ağırlıklı rasyonlarla beslenen 1–21 günlük yaştaki civciv rasyonlarına fitaz enzimi, organik asit (sitrik, askorbik asit), vitamin D_3 ve Ca ilavesinin, besin maddesi sindirilebilirliği ve performans kriterleri üzerine etkilerinin belirlenmesi amaçlanmıştır. Temel rasyon % 0.79 ve 0.90 Ca içerecek şekilde düzenlenmiştir. Deneme rasyonları ise;

1. Mısır-soya ağırlıklı (negatif kontrol rasyonu) % 0.15 P_y içerikli,
2. 1+500 ünite/kg fitaz ilaveli,
3. 2+% 2 sitrik asit ilaveli,

4. 3+200 mg/kg askorbik asit ilaveli,
5. 4+200 g/kg vitamin D_3 ilaveli,
6. 1+% 0.135 fosfor ilaveli (pozitif kontrol grubu) olarak düzenlenmiştir. Toplam 12 deneme grubu 10 tekerrürlü ve her tekerrürde 20 civciv olacak şekilde deneme rasyonlarıyla beslenmişlerdir.

Rasyon Ca içeriğinin % 0.79'dan % 0.90'a çıkartılması yem değerlendirme sayısını olumsuz olarak etkilerken yem tüketimi ve protein sindirilebilirliğini iyileştirmiştir. Fitaz enzim ilavesi canlı ağırlık, yem değerlendirme sayısı, tibia külü, fosfor ve protein sindirilebilirliğini iyileştirmiştir. Negatif kontrol rasyonuna fitaz enzimi, sitrik asit ve askorbik asit ilavesi, canlı ağırlık, yem etkinliği ve fosfor tutulumunu sırasıyla % 10, 8 ve 57 oranında artırmıştır. Pozitif kontrol rasyonlarıyla beslenen civcivlerin canlı ağırlıkları (rasyon 6), fosfor içeriği yetersiz organik asit ve fitaz enzim ilaveli grupla benzer bulunmuştur. Negatif kontrol rasyonuna fitaz enzimi, vitamin D_3 ve organik asit ilavesi yapılan rasyonlarla beslenen civcivlerin tibia külü ve fosfor sindirilebilirliği sırasıyla % 18 ve % 57 olarak bulunmuştur. Sonuçta, düşük fosfor içerikli mısır-soya ağırlıklı civciv rasyonlarına uygun düzeylerde sitrik asit, askorbik asit, fitaz enzimi ve vitamin D_3 ilave edilmesi, civcivlerin performans ve besin maddesi sindirilebilik değerlerinde artışa yol açmıştır. Ayrıca, etlik piliç gübresinde nitrojen konsantrasyonu ve fosfor içeriğinde azalmalar sağlanarak çevresel bir fayda da ortaya konulmuştur.

Agustin *et al.* (2003) değişik düzeylerde yararlanılabilir fosfor (P_y) içeren civciv yemlerine sitrik asit ve mikrobiyal fitaz enzimi (Natuphos ® 500) ilavesinin performans, mineral tutulumu (Ca, P, Mg, Zn) ve kan metabolitleri üzerine etkilerini araştırmışlardır. İki farklı yararlanılabilir fosfor (2.5 ve 3.5 g/kg) düzeyi, dört farklı mikrobiyal fitaz enzim düzeyi (0, 200, 400 ve 600 U/kg), iki farklı sitrik asit düzeyi (0 ve 20 g/kg) 2x4x2 faktöriyel düzende ele alınmıştır.

Rasyonda yararlanılabilir fosfor seviyesinin artırılması Ca, P ve Mg bağlanmasını artırırken Zn bağlanmasını düşürmüştür. Sitrik asit ilavesi de Ca, P ve Zn bağlanmasını sırasıyla % 3.3 ve 4 oranında artırmıştır. Bunun tersine rasyonda yararlanılabilir fosfor düzeyinin düşürülmesi, tibia külü ve tibia Zn içeriğinde bir düşüşe neden olurken tibia Ca ve P içeriğinde bir artış gözlenmiştir. Sitrik asit ilavesi ise tibia kemiği külünü % 2, tibia kemiği Ca ve P içeriğini % 2 oranında artırmıştır.

Broyler rasyonlarında yararlanılabilir fosfor seviyesinin artırılması plazma Ca, Zn konsantrasyonu ile AST, ALP ve LDH aktivitesini artırmıştır. Ancak plazma P içeriği ve toplam protein içeriğini düşürmüştür. Rasyonda fitaz ilavesindeki artışla doğrusal olarak plazma Ca % 4, P % 12, Mg % 10, Zn % 22 ve toplam protein içeriği % 7'lik bir artış göstermiştir. Serum AST % 22, ALT % 40 ve LDH aktiviteleri ise % 17'lik artış gösterirken ALP aktivitesi fitaz ilavesinin artmasıyla doğrusal olarak % 34'lük bir azalma göstermiştir.

Sitrik asit ilavesi plazma Ca, Mg ve Zn içeriğini sırasıyla % 10, 4 ve 5 oranında artırmış ve ALP aktivitesini % 13 azaltmıştır. Sonuçta düşük fosfor seviyeli mısır-soya esaslı etlik piliç yemlerine fitaz enzimi ilavesi civcivlerde performans değerlerini, Ca, P ve Zn yararlanımını artırmıştır. Bununla beraber sitrik asitle birlikte kullanıldıklarında performans değerleri olumsuz etkilenirken mineral yararlanımında bir artış gözlenmiştir. Sitrik asitin fitaz enzimi ile birlikte kullanıldığında performans değerlerini olumsuz etkilemesi, sitrik asit Ca ile bir kompleks oluşturarak Ca bağlanmasını engellemiş olabilir veya enzim ilavesiyle fazla fosforun serbest kalmasıyla rasyonun Ca/P dengesinin bozulmasının sonucu olabileceği düşünülmüştür. Bununla birlikte sitrik asitin bir organik asit olduğu organik asitlerin vücutta hızlı metabolize olduğu ve bu yüzden pH'yı beklenen ölçüde düşüremediğinden performansta beklenen sonuçların alınamadığını bildirmişlerdir.

Rafacz-Livinston *et al.* (2003) tarafından yapılan çalışmada, sitrik asitin hibrid (New Hampshire x Colombian) ve ticari hibridlerdeki (Ross x Ross) performans ve tibia kemiği külü üzerine etkileri araştırılmıştır. İki ayrı deneme kurularak, 4 tekerrürlü, her tekerrürde 5 erkek hibrid ve ticari hibrid civcivleri yer almıştır. Mısır-soya ağırlıklı rasyonlar farklı düzeyde sitrik asit ve yararlanılabilir fosfor içerikli rasyonlarla civcivler 8–12 haftalık yaşa kadar beslenmişlerdir.

Deneme 1, 2x2x2 faktöriyel düzende 2 farklı ırk (hibrid ve ticari hatlar), iki farklı sitrik asit düzeyi (% 0 ve 3), iki farklı P_y düzeyi % 0.13 ve 0.28) olacak şekilde düzenlenmiştir. Yararlanılabilir fosfor içeriği % 0.13 olan rasyonla beslenen ticari civcivlerde (Ross x Ross) denemenin 3–5 haftasında çok zayıf gelişme ve ayak problemleri oluştuğundan, bunlar deneme dışı bırakılmışlardır. Hibrid civcivlerde canlı ağırlık kazancı ve tibia külü bakımından , % 0.13 ve % 0.28 P_y içerikli rasyonlara sitrik asit ilave edilmesi önemli bir artışa neden olmuştur. Ticari hibridlerde ise sadece % 0.28 P_y içerikli rasyona sitrik asit ilave edilmesi aynı değerler bakımından önemli bir artış sağlamıştır ($P \leq 0.05$).

Deneme 2'de aynı şekilde 2x2x2 faktöriyel düzende kurulmuştur. Ancak P_y fosfor seviyesi % 0.18 ve 0.33 olarak belirlenmiştir. Tibia kül değerleri bakımından, her iki hattın sitrik asit ilaveli yemlerle beslenen civcivlerinde önemli bir artışa neden olmuştur. Değerler % 0.33 P_y içeren rasyonlarla beslenen civcivlerde % 0.18 P_y içeren rasyonlarla beslenenlerden daha yüksek bulunmuştur. Yapılan bu çalışmayla, rasyonlara sitrik asit ilavesi hibridler ve ticari hibridlerde fitat fosfor yararlanımını iyileştirdiği sonucuna varılmıştır.

Snow *et al.* (2004) düşük fosfor seviyeli mısır-soya ağırlıklı etlik piliç rasyonlarına fitaz, sitrik asit ve 1 α- hidroksikolekalsiferol [1 α-(OH) D_3] ilavesinin fitat fosfor yararlanımı üzerine etkilerini belirlemişlerdir. Üç ayrı denemede;

Deneme 1: kontrol rasyonuna (% 0.13 P_y) 15 µg 1 α- hidroksikolekalsiferol/kg, % 4 sitrik asit ve % 4 sitrik asit+15 µg 1 α- hidroksikolekalsiferol/kg ilave edilmiş,

Deneme 2: kontrol rasyonuna (% 0.13 P_y)) % 3 sitrik asit, 300 ünite fitaz/kg, 10 µg 1 α- hidroksikolekalsiferol/kg, % 3 sitrik asit+fitaz, % 3 sitrik asit+10 µg 1 α , fitaz+10 µg 1 α , % 3 sitrik asit+fitaz+10 µg 1 α- hidroksikolekalsiferol, % 0.26 P (inorganik fosfor kaynağı KH_2PO_4)+% 0.1 Ca ilave edilmiş,

Deneme 3: kontrol rasyonuna (% 0.13 P_y içeren) % 3 sitrik asit, 300 ünite fitaz/kg, 5 µg 1 α- hidroksikolekalsiferol/kg, % 3 sitrik asit+fitaz, % 3 sitrik asit+5 µg 1 α- hidroksikolekalsiferol, fitaz+5 µg 1 α- hidroksikolekalsiferol, % 3 sitrik asit+fitaz+5 µg 1 α- hidroksikolekalsiferol, % 0.15 P_y (inorganik fosfor kaynağı KH_2PO_4) ilave edilmiştir. Her bir deneme grubu 4 tekerrürlü ve her tekerrürde 4 adet hibrid (New Hampshire x Colombian) erkek civciv olacak şekilde 8 günlük yaştan 22 günlük yaşa kadar deneme rasyonlarıyla beslenmişlerdir. Mısır –soya ağırlıklı temel rasyona ilave fosfor katılmamış, rasyonlar % 23 ham proten, % 0.13 P_y (toplam fosfor % 0.39), % 0.62 Ca, 25 mg 1 α- hidroksikolekalsiferol/kg ve 3260 kcal TME/kg içerecek şekilde düzenlenmiştir. Her üç deneme 2x2 ve 2x2x2 faktöriyel düzende 2 fitaz seviyesi (0 ve 300 ünite/kg), 3 sitrik asit seviyesi (% 0, 3 ve 4) ve 4 1 α- hidroksikolekalsiferol seviyesi (0, 5, 10 ve 15 µg) olarak planlanmıştır.

Fitaz, sitrik asit ve 1 α- hidroksikolekalsiferol katkısı her 3 denemede de civcivlerin canlı ağırlık kazancını artırmıştır. Tibia kül değerlerinde standart eğri metodu kullanıldığında, % 3 sitrik asit, 300 ünite fitaz/kg ve 5 µg 1 α-hidroksikolekalsiferol olarak ilave edilen rasyonla beslenen civcivlerde serbest bırakılan fosfor miktarı sırasıyla % 0.03, 0.02 ve 0.04 olarak tespit edilmiştir. Her üç katkı maddesinin birlikte kullanıldığı grupta serbest bırakılan fosfor miktarı ise % 0.13 olarak tahmin edilmektedir. Her 3 denemenin sonuçları toplu olarak değerlendirildiğinde katkı maddesi olarak kullanılan her üç bileşenin fitat fosfor yararlanımını arttırdığı ve bu sonucun sitrik asit ve 1 α- hidroksikolekalsiferol arasında bazı sinerjik özelliklerin mümkün olabileceğini düşündürmüştür.

Rafacz-Livingston *et al.* (2005a), fosforca yetersiz (% 0.16 P_y) mısır-soya esaslı yumurta tavuğu rasyonlarında fosfor yararlanımını arttırmak amacıyla sitrik asitin yanısıra diğer organik asitleri de kullanarak hibrid (New Hampshire x Colombian) broyler civcivleriyle bir çalışma yapmışlardır. Kontrol grubu dışında 4 seri deneme yürütmüşlerdir.

Deneme 1: kontrol rasyonuna (% 0.16 P_y) % 1.68 ve 3.35 Sodium gluconate (Na Glu), % 1.65 ve 3.30 Calcium gluconate (Ca Glu), % 1.50 ve 3.00 Glucono-δ-lactone (GDL) ve % 1.14 Hydroxy–4-methylthio butanoic acid (Alimet) ,

Deneme 2: kontrol rasyonuna (% 0.16 P_y)) % 2.24 Na Glu, % 2.20 Ca Glu, % 2 sitrik asit ve bu 4 gruba % 0.29 P (inorganik fosfor kaynağı potassium phosphate monobasic),

Deneme 3: kontrol rasyonuna (% 0.16 P_y) % 3.35 Na Glu, % 3 sitrik asit, % 1.65 Na Glu+% 1.5 sitrik asit, % 3 fumarik asit ve % 0.1 EDTA, ilave edilmiştir.

Deneme 4: kontrol rasyonuna (% 0.16 P_y) % 3.35 Na Glu, % 3 sitrik asit % 0.025 ve 0.05 EDTA ilave edilerek her birinde 5 adet melez civciv olacak şekilde 4 tekerrürlü olarak 8 günlük yaştan 22 günlük yaşa kadar beslenmişlerdir.

Deneme 1'de canlı ağırlık kazancı ve tibia külü bakımından, % 1.5 ve 3 Na Glu, % 1.5 Ca Glu, % 1.5 ve 3 GDL ve % 1 ve 2 Alimet ilaveli gruplarda önemli miktarda artış görülmüştür ($P<0.05$). Deneme 2'de tibia kemiği külü fosforca yetersiz rasyonlara % 2 sitrik asit, % 2.24 Na Glu ve % 2.20 Ca Glu ilaveli gruplarda önemli miktarda fazla bulunmuştur ($P<0.05$), ancak % 0.16 P_y içeren grupta önemli bir farklılık görülmemiştir. Deneme sonunda organik asitlerin fosfor yararlanımını arttırdığı kanaatine varılmıştır. Deneme 3-4'te tibia külü % 3 Na Glu ve % 3 sitrik asit ilaveli gruplarda önemli bir artış göstermiş ($P<0.05$), ancak % 3 fumarik asit ve % 0.025, 0.05 ve 0.01 EDTA ilaveli gruplarda bir farklılık yaratmamıştır.

Çalışma sonunda, fumarik asit ve EDTA dışında kalan organik asitlerden sitrik asit, Alimet, GDL, Na Glu ve Ca Glu gibi katkı maddelerinin mısır-soya ağırlıklı rasyonlarla beslenen civcivlerde fitat fosfor yararlanımını arttırdığı sonucuna varılmıştır.

Rafacz-Livingston *et al.* (2005b) tarafından yürütülen bir çalışmada, yetersiz düzeyde fosfor içeren mısır-soya ağırlıklı yemle beslenen hibrid (Newhampshire x Colombian) etlik civcivlerinde sitrik asit ilavesinin fitat fosfor yararlanımını arttırdığı tespit edilmiştir. Aynı araştırıcılar Ross x Ross ticari hibridlerinde de sitrik asitin etkisini belirlemek amacıyla bir deneme planlamışlardır. Yürütülen 3 seri denemede;

Deneme 1: kontrol rasyonuna (% 0.13 ve 0.23 P_y içeren) sitrik asit % 4, inorganik fosfor (potassium phosphate monobasic) % 0,10, sitrik asit % 4+ fosfor % 0,10 içeren rasyonlar New Hampshire x Colombian (NHC) hibridleri ile fosfor % 0.10, sitrik asit % 4+ fosfor % 0,10 içeren rasyonlar Ross x Ross (RR) ticari hibridlerine yedirilmiş,

Deneme 2: kontrol rasyonuna (% 0.18 ve 0.28 P_y içeren) sitrik asit % 3, inorganik fosfor % 0.10, sitrik asit % 3+fosfor % 0.10 içeren rasyonlar New Hampshire x Colombian (NHC) hibridleri ile sitrik asit % 3, inorganik fosfor % 0.10, sitrik asit % 3+inorganik fosfor % 0.10 içeren rasyonlar Ross x Ross (RR) ticari hibridlerine yedirilmiş,

Deneme 3: kontrol rasyonuna (% 0,18 ve 0,23 P_y içeren) sitrik asit % 1, sitrik asit % 2, sitrik asit % 3, sitrik asit % 4, inorganik fosfor % 0,05, sitrik asit % 4+inorganik fosfor % 0.05 düzeyinde ilave edilerek, her birinde 5 dişi 5 erkek etlik civciv olacak şekilde 4 tekerrürlü olarak 8 günlük yaştan 22 günlük yaşa kadar beslenmişlerdir.

Deneme, 2x2x2 faktöriyel düzende, iki farklı sitrik asit düzeyi (% 0 ve 3), iki farklı yararlanılabilir fosfor (% 0.13 ve 0.28) ve iki farklı civciv hattı (melez ve ticari) kullanılarak düzenlenmiştir. Ticari civcivlerden % 0.13 P_y düzeyli yemlerle beslenenlerde 3–5 günlük yaşta ayak problemleri ve çok zayıf gelişme gösterdiklerinden deneme dışı bırakılmışlardır.

Sitrik asit ilaveli yemlerle beslenen her iki hattın civcivlerinde canlı ağırlık kazancı ve tibia külü bakımından önemli miktarda artış gözlenmiştir ($P \leq 0.05$). Deneme 2'de sitrik asit ilaveli gruplarda, tibia kemiği külü bakımından inorganik fosfor içeriği % 0,18 olan grup, inorganik fosfor içeriği % 0.28 olan yemlerle beslenen gruba göre önemli miktarda artış göstermiştir ($P \leq 0.05$). Deneme 3'de P_y içeriği % 0.18 olan rasyonlara artan miktarlarda sitrik asit (% 0, 1, 2, 3 ve 4) ilavesine paralel olarak tibia külü miktarında da artışlar görülmüştür. Sitrik asitin % 3 düzeyinde ilave edildiği 2 ve 3. deneme gruplarında tibia külündeki ortalama artış % 41 olarak tespit edilmiştir. Sonuç olarak NHC ve Ross x Ross civciv rasyonlarına sitrik asit ilavesinin fitat fosfor yararlanımını arttırdığı tespit edilmiştir.

Connor-Dennie and Emmert (2006), daha önce yapılmış olan çalışmalarda sitrik asitin büyüme dönemindeki civcivlerde fosfor yararlanımını iyileştirdiğini ancak buğday razmolunda endojen fitaz aktivitesinin yüksek olmasına rağmen sitrik asitin etkili olmadığını bildirmişlerdir. Böyle bir sinerjik etki olmamasıyla ilgili bir yaklaşım genç etlik piliçlerin sindirim sisteminin gelişmemesine bağlanmıştır. Araştırıcılar bu varsayımı test etmek amacıyla 18 günlük yaşta etlik piliç civcivlerini kullanarak bir deneme düzenlemişlerdir. Civcivler 0 ve 18 günlük yaşa kadar fosforca yeterli rasyonlarla beslenmişler ve canlı ağırlıkları tespit edildikten sonra deneme gruplarına dağıtılmışlardır. Civcivler 20 ve 15'erli gruplar halinde 15 deneme grubunda 5 tekerrürlü olacak şekilde başlatma dönemi (18–29 gün) ve bitirme dönemi (29–43 gün) olmak üzere 2 döneme sırasıyla dağıtılmışlardır.

Fosfor düzeyi yetersiz civciv rasyonlarına 1 ve 4. gruplarda sırasıyla % 0, 0.04, 0.08 ve 0.12 seviyesinde P ilavesi yapılmıştır. Yine fosfor seviyesi yetersiz civciv rasyonlarına 5 ve 15. gruplarda fitaz enzimi (300 ve 600 FTU/kg), sitrik asit % 3 ve buğday razmolu % 10 düzeyinde olacak şekilde her bir faktör tek başına ve toplu olarak düzenlenmiştir.

Civcivlerin başlatma ve bitirme dönemlerinde rasyondaki fosfor düzeyinin artmasıyla fitaz enzimi ve sitrik asit kemik kriterleriyle ilgili sonuçları olumlu yönde artırmıştır. Rasyondaki fosfor ve fitaz seviyesinin artmasıyla performans değerleri önemli bir artış göstermiştir. Fitaz ilavesi 600 FTU/kg olan gruplarda yetersiz fosfordan kaynaklanan tüm etkiler bertaraf edilmiştir. Fosforun biyoyararlanımı ile ilgili serbest standart eğrilerini değerlendirmek için büyüme ve tüm dönemlerdeki veriler kullanılmıştır. Kemik kırılma direnci (ABS), canlı ağırlık kazancı ve kemik kül yüzdesi bağımlı değişkenler ve ilave fosfor tüketimi bağımlı değişken olarak ele alınmıştır.

Büyütme dönemindeki fitaz ilavesiyle, kemik kırılma direnci ve canlı ağırlık kazancı değerlerinden yola çıkıldığında minimum % 0.06 fosfor serbest bırakılmıştır denilebilir. Kemik kırılma direnci ele alındığında yemlere ilave edilen fitaz enzimi ile sitrik asit ve buğday razmolu arasında sinerjik etki saptanmıştır ($P \leq 0.001$). Ancak canlı ağırlık kazancına önemli bir katkısı olmamıştır. Civcivlerin bitirme dönemlerinde de kemik kırılma direnci ve canlı ağırlık kazancı bakımından benzer bir eğilim gözlenmiştir. Bu yüzden fitaz enzimi, sitrik asit ve buğday razmolunun kombine olarak kullanılması, fitaz enziminin tek başına kullanıldığında bıraktığı serbest fosfor ve kemik parametreleri bakımından fosforca yetersiz olan rasyonların etkilerini bertaraf etmesi bakımından daha iyi sonuç alınmıştır.

Martinez-Amezcua *et al.* (2006) tarafından yürütülen bir çalışmada OptiPhos fitaz ve sitrik asitin, kurutulmuş damıtma çözünürlü danelerdeki (DDGS) yararlanılamayan fosfor üzerindeki etkilerini araştırmışlardır. Aynı zamanda bu iki katkı maddesinin metabolize olabilir enerji (AME) ve amino asit sindirilebilirliği üzerine etkileri de ele alınmıştır. Bu amaçla düzenlenen denemede 8–21 günlük yaşta Newhampshire x Colombian hibrid civcivleri kullanılmıştır. Yürütülen 3 seri denemede;

Deneme 1: kontrol rasyonuna (% 0.16 P_y ve % 40 DDGS içeren) 1.000 FTU fitaz/kg, 10.000 FTU fitaz/kg ve % 0.2 P_y sağlayacak şekilde % 0.9 potasyum dihidrojen fosfat (KH_2PO_4) ilave edilmiş,

Deneme 2: Beş ayrı rasyon hazırlanmıştır.

1. Kontrol rasyonu (DDGS içermeyen) % 0.1 P_y içerecek şekilde fosforca yetersiz olarak hazırlanmış,
2. 1+ % 0.05 P_y sağlayacak şekilde potasyum dihidrojen fosfat (KH_2PO_4),
3. 1+ % 0.10 P_y sağlayacak şekilde potasyum dihidrojen fosfat (KH_2PO_4),
4. 1+ % 7 DDGS P_y sağlayacak şekilde potasyum dihidrojen fosfat (KH_2PO_4) temel rasyondan aynı oranda mısır nişastası ve dekstroz çıkartılarak ikame edilmiş,
5. 1+ % 14 DDGS P_y sağlayacak şekilde potasyum dihidrojen fosfat (KH_2PO_4) temel rasyondan aynı oranda mısır nişastası ve dekstroz çıkartılarak ikame edilmiş,

Deneme 3: Dört ayrı rasyon hazırlanmıştır.

1. Kontrol rasyonu % 0.12 P_y ve % 30 DDGS içerecek şekilde fosforca yetersiz olarak hazırlanmış,
2. 1+ % 3 sitrik asit ilave edilmiş,
3. 1+ % 1.000 FTU fitaz/kg ilave edilmiş,
4. 1+ 10.000 FTU fitaz/kg ilave edilmiştir.

Deneme 2'de çoklu regrasyon denklemi kullanılarak civcivlerin tibia kül değerleri dikkate alındığında DDGS içeriklerinde bulunan fosforun biyoyararlanılabilirliği % 67 olarak bulunmuştur. Deneme 1'de 1.000 ve 10.000 FTU/kg fitaz enzim ilavesi tibia külünü artırırken ($P \leq 0.05$) metabolize olabilir enerji değerini (AME) önemli olarak etkilememiştir. Yine deneme 1'de fitaz ilavesinin 10.000 FTU/kg yapıldığı grup ile ilave fosfor verilen grupta aminoasit sindirilebilirliği açısından önemli bir artış gözlenmiştir ($P \leq 0.05$).

Deneme 3'te sitrik asit ve fitaz ilavesi tibia külünü (mg/civciv) önemli olarak ($P \leq 0.05$) artırmış, fitaz ve sitrik asit DDGS'lerden % 0.04 ten % 0.07'ye kadar fosforu serbest bıraktığı tahmin edilmiştir. Biyoyararlanımın verimliliği açısından, DDGS içerisindeki fosfor biyoyararlılığı % 62 den % 72'ye kadar yükselmiştir. Sonuç olarak araştırıcılar, sitrik asit ve fitaz enziminin DDGS içerisindeki P biyoyararlılığını arttırdığını tespit etmişlerdir. Ancak 1.000 FTU/kg fitaz ilavesinin ME değeri ve aminoasit sindirilebilirliği üzerine önemli bir etkisinin olmadığını ortaya koymuşlardır.

3. MATERYAL VE YÖNTEM

3.1 Materyal

3.1.1 Hayvan materyali

Araştırmada hayvan materyali olarak 25 haftalık yaşta 1280 adet Tarım ve Köyişleri Bakanlığı Ankara Tavukçuluk Araştırma Enstitüsü tarafından ıslah edilen RIR x LINE 54 (ATAK) kahverengi hibrid yumurtacı tavukları kullanılmıştır.

3.1.2 Yem materyali

Araştırmada kullanılan yem karmaları ticari bir yem fabrikasında (Bilyem Gıda San. Tic. Ltd. Şti) hazırlanmıştır. Yem karmalarına ilave edilen granül formdaki sitrik asit, CHEMEX Firması tarafından üretilen CITRIC ACID MONOHYRATE BP93 maddesidir. Sitrik asitin analiz sonuçları aşağıda verilmiştir.

Özellikleri	**Analiz Sonuçları**
Görünüş	Reksiz kristal, şeffaf
Çözünürlük	Tamamen çözünebilir
Saflık	% 99.89
Nem	% 8.63
Sülfat külü	% 0.035
Sülfat	<150 ppm
Okzalat	<100 ppm
Kalsiyum	<50 ppm
Ağır metaller, toplam	<5 ppm
Demir	<10 ppm
Klorit	<30 ppm

Denemeye başlamadan önce karma yemde kullanılacak yem hammaddelerinde (mısır, buğday, soya, kireçtaşı, DCP) ham besin maddeleri ile Ca ve P analizleri gerçekleştirilmiştir. Denemenin birinci ve ikinci döneminde rasyonlar hazırlanırken hammaddelerde tespit edilen ME, besin maddeleri, amino asit değerleri ile Ca ve P içerikleri dikkate alınarak tüm rasyonlar izokalorik (2770 ve 2750 kcal/kg ME) ve izonitrojenik (% 17.50 ve 16.75 ham protein) olarak hazırlanmıştır. Dönemler itibariyle rasyonda kullanılan tüm hammaddeler yem fabrikasında yedeğe alınarak, hammadde değişikliğinden meydana gelebilecek besinsel farklılıklar baştan elemine edilmiştir. Her bir dönem için aynı işlemler gerçekleştirilmiştir. Birinci dönem (25–40. hafta) ve ikinci dönem (43–58. hafta) rasyonlarında kullanılan yem hammaddelerinin miktar ve kimyasal bileşimine ait değerler çizelge 3.1 ve 3.2'de verilmiştir. Deneme yemleri toz formda hazırlanmış ve tavuklara verilmiştir.

Çizelge 3.1 Araştırmada kullanılan birinci deneme dönemi (25–40. hafta) rasyonlarının yapı ve bileşimi (%)

Hammaddeler	1.grup	2.grup	3.grup	4.grup	5. grup	6. grup	7. grup	8.grup
Mısır	49.38	43.90	48.57	43.09	46.84	41.36	46.03	40.55
Soya Küspesi	26.61	27.45	26.74	27.57	27.00	27.84	27.13	27.95
Buğday	15.00	15.00	15.00	15.00	15.00	15.00	15.00	15.00
Bitkisel yağ	0.66	1.29	0.92	1.56	1.49	2.12	1.75	2.40
Mermer Tozu	7.47	7.47	6.82	6.82	8.79	8.78	8.14	8.13
D.C.P	0.22	0.23	1.29	1.30	0.22	0.24	1.29	1.31
Tuz	0.35	0.35	0.35	0.35	0.35	0.35	0.35	0.35
Vitamin Premiksi[1]	0.10	0.10	0.10	0.10	0.10	0.10	0.10	0.10
Mineral Premiksi[2]	0.05	0.05	0.05	0.05	0.05	0.05	0.05	0.05
DL-Metiyonin	0.16	0.16	0.16	0.16	0.16	0.16	0.16	0.16
Sitrik asit		4.00		4.00		4.00		4.00
Toplam	**100.00**	**100.00**	**100.00**	**100.00**	**100.00**	**100.00**	**100.00**	**100.00**
Hesaplanan Analiz Değerleri[3,5]								
ME, kcal/kg	2770.0	2770.0	2770.0	2770.0	2770.0	2770.0	2770.0	2770.0
Ham Protein	17.50	17.50	17.50	17.50	17.50	17.50	17.50	17.50
Ham Yağ	3.03	3.47	3.27	3.70	3.77	4.20	4.00	4.44
Ham Selüloz	3.39	3.33	3.38	3.32	3.36	3.35	3.35	3.29
Kalsiyum	3.0	3.0	3.0	3.0	3.5	3.5	3.5	3.5
Kalsiyum(karmada analiz)	***3.05***	***3.05***	***3.02***	***3.02***	***3.58***	***3.58***	***3.63***	***3.63***
Toplam Fosfor	0.37	0.37	0.57	0.57	0.37	0.36	0.57	0.56
Fosfor (karmada analiz)	***0.40***	***0.40***	***0.58***	***0.58***	***0.42***	***0.42***	***0.53***	**0.53**
Yararlanılabilir Fosfor[4]	0.15	0.15	0.35	0.35	0.15	0.15	0.35	0.35
Potasyum	0.76	0.76	0.76	0.76	0.76	0.77	0.76	0.76
Klor	0.25	0.25	0.25	0.25	0.25	0.25	0.25	0.25
Sodyum	0.17	0.17	0.17	0.17	0.17	0.17	0.17	0.17
Lizin	0.95	0.97	0.96	0.97	0.96	0.97	0.96	0.97
Metiyonin	0.43	0.43	0.43	0.43	0.43	0.44	0.43	0.44
Metiyonin+sistin	0.72	0.72	0.72	0.72	0.72	0.72	0.72	0.72
Treonin	0.67	0.67	0.67	0.67	0.67	0.67	0.67	0.67
Triptophan	0.21	0.21	0.21	0.21	0.21	0.21	0.21	0.21
Arjinin	1.14	1.15	1.14	1.15	1.15	1.15	1.15	1.16
Linoleik Asit	1.71	2.01	1.87	2.17	2.21	2.51	2.36	2.66

[1] Vitamin ön karmasının her 1 kg'ında; vit. A 12.000.000 IU, vit.D_3 4.000.000 IU, vit.E 80.000 mg, vit.K_3 5000 mg, vit.B_1 3000 mg, vit.B_2 12.000 mg, niasin 50.000 mg, Ca-D-pantotenat 15.000 mg, vit B_6 4000 mg, vit B_{12} 30 mg, folik asit 2000 mg, d-biotin 200 mg, vit. C 30.000 mg bulunmaktadır.

[2] Mineral ön karmasının her 0.5 kg'ında; Mn 80.000 mg, Fe 60.000 mg, Zn 80.000 mg, Cu 10.000 mg, Co 300 mg, I 2000 mg, Selenyum 250 mg miktarında bulunmaktadır.

[3] ME, ham besin maddeleri, Ca ve toplam P değerlerinin hesaplanmasında yem hammaddelerinde yapılan analiz değerleri, K, Cl, Na ve linoleik asit değerleri için NRC (1994) bildirilen değerler kullanılmıştır.

[4] Hesaplamada bitkisel yem hammaddelerinin toplam P'nun 1/3'nün yararlanılabilir P olduğu dikkate alınmıştır.

[5] Hesaplamada Amino Dat 1.0 (Anonim 1996) bilgisayar programında yem hammaddelerinin diğer besin maddelerine dayanılarak elde edilen aminoasit değerleri dikkate alınmıştır.

Çizelge 3.2 Araştırmada kullanılan ikinci deneme dönemi (43–58. hafta) rasyonlarının yapı ve bileşimi (%)

Hammaddeler	1.grup	2.grup	3.grup	4.grup	5. grup	6. grup	7. grup	8.grup
Mısır	65.46	60.04	64.66	59.24	62.95	57.52	62.16	56.71
Soya Küspesi	26.15	26.97	26.27	27.10	26.54	27.35	26.65	27.48
Bitkisel yağ	0.02	0.60	0.27	0.86	0.82	1.41	1.08	1.67
Mermer Tozu	7.48	7.47	6.83	6.82	8.79	8.79	8.14	8.14
D.C.P	0.21	0.23	1.28	1.30	0.22	0.24	1.29	1.31
Tuz	0.35	0.35	0.35	0.35	0.35	0.35	0.35	0.35
Vitamin Premiksi[1]	0.10	0.10	0.10	0.10	0.10	0.10	0.10	0.10
Mineral Premiksi[2]	0.05	0.05	0.05	0.05	0.05	0.05	0.05	0.05
DL-Metiyonin	0.18	0.19	0.18	0.19	0.18	0.19	0.18	0.19
Sitrik asit		4.00		4.00		4.00		4.00
Toplam	**100.00**	**100.00**	**100.00**	**100.00**	**100.00**	**100.00**	**100.00**	**100.00**
Hesaplanan Analiz Değerleri[3,5]								
ME, kcal/kg	2750	2750	2750	2750	2750	2750	2750	2750
Ham Protein	16.75	16.75	16.75	16.75	16.75	16.75	16.75	16.75
Ham Yağ	2.71	3.10	2.94	3.33	3.43	3.81	3.66	4.04
Ham Selüloz	3.35	3.29	3.34	3.28	3.32	3.26	3.31	3.25
Kalsiyum	3.00	3.00	3.00	3.00	3.50	3.50	3.50	3.50
Kalsiyum(karmada analiz)	***3.08***	***3.08***	***3.01***	***3.01***	***3.45***	***3.45***	***3.45***	***3.45***
Toplam Fosfor	0.37	0.37	0.57	0.57	0.37	0.36	0.57	0.56
Fosfor (karmada analiz)	***0.44***	***0.44***	***0.60***	***0.60***	***0.42***	***0.42***	***0.56***	***0.56***
Yararlanılabilir Fosfor[4]	0.15	0.15	0.35	0.35	0.15	0.15	0.35	0.35
Potasyum	0.73	0.73	0.73	0.73	0.73	0.73	0.73	0.73
Klor	0.25	0.25	0.25	0.25	0.25	0.25	0.25	0.25
Sodyum	0.16	0.16	0.16	0.16	0.16	0.16	0.16	0.16
Lizin	0.93	0.94	0.93	0.94	0.93	0.94	0.93	0.95
Metiyonin	0.45	0.45	0.45	0.45	0.45	0.45	0.45	0.45
Metiyonin+sistin	0.72	0.72	0.72	0.72	0.72	0.72	0.72	0.72
Treonin	0.65	0.65	0.65	0.65	0.65	0.65	0.65	0.65
Triptophan	0.19	0.19	0.19	0.19	0.19	0.19	0.19	0.19
Arjinin	1.09	1.11	1.10	1.11	1.10	1.11	1.10	1.11
Linoleik Asit	1.56	1.82	1.71	1.98	2.03	2.30	2.18	2.45

[1] Vitamin ön karmasının her 1 kg'ında; vit. A 12.000.000 IU, vit.D_3 4.000.000 IU, vit. E 80.000 mg, vit.K_3 5000 mg, vit.B_1 3000 mg, vit.B_2 12.000 mg, niasin 50.000 mg, Ca-D-pantotenat 15.000 mg, vit B_6 4000 mg, vit B_{12} 30 mg, folik asit 2000 mg, d-biotin 200 mg, vit. C 30.000 mg bulunmaktadır.

[2] Mineral ön karmasının her 0.5 kg'ında; Mn 80.000 mg, Fe 60.000 mg, Zn 80.000 mg, Cu 10.000 mg, Co 300 mg, I 2000 mg, Selenyum 250 mg miktarında bulunmaktadır.

[3] ME, ham besin maddeleri, Ca ve toplam P değerlerinin hesaplanmasında yem hammaddelerinde yapılan analiz değerleri, K, Cl, Na ve linoleik asit değerleri için NRC (1994) bildirilen değerler kullanılmıştır.

[4] Hesaplamada bitkisel yem hammaddelerinin toplam P'nun 1/3'nün yararlanılabilir P olduğu dikkate alınmıştır.

[5] Hesaplamada Amino Dat 1.0 (Anonim 1996) bilgisayar programında yem hammaddelerinin diğer besin maddelerine dayanılarak elde edilen aminoasit değerleri dikkate alınmıştır.

3.2 Yöntem

3.2.1 Deneme grupları, rasyonların oluşturulması ve denemenin yürütülmesi

Araştırmada kullanılan rasyonların metabolize olabilir enerji ve besin madde içerikleri NRC (1994) bildirilen değerler ve denemede kullanılan hibridlerde daha önce yapılan araştırma sonuçları dikkate alınarak hazırlanmıştır. Denemede mısır-soya esaslı yumurta tavuğu yemi kullanılmıştır. Birinci deneme dönemi rasyonları 2770 kcal/kg metabolize olabilir enerji ve % 17.50 ham protein ve II. Dönem deneme yemleri 2750 kcal/kg metabolize olabilir enerji ve % 16.75 ham protein içerecek şekilde çizelge 3.1 ve 3.2'deki gibi düzenlenmiştir. Hayvanların deneme başlangıcı canlı ağırlıkları ile yine deneme başlamadan önceki (10 günlük) yumurta verimleri dikkate alınarak, bu kriterlere göre tavuklarda homojenlik sağlanmıştır. İkinci deneme döneminde de aynı hayvanlarla devam edilmiştir. Denemeye devam etmesinde sakınca görülen hayvanlar her bir alt grupta ayıklanarak aynı gruplar aynı yemlerle beslenmişlerdir. Her bir deneme dönemi öncesinde tüm hayvanlar 2 hafta süreyle standart yumurta tavuğu yemi ile beslenmişler ve bir hafta da deneme yemiyle alıştırma yemlemesine tabi tutulmuşlardır. Deneme yemleri ve su *ad-libitum* olarak verilmiştir. Tavuklar tesadüf bloklarına rastgele dağıtılarak, deneme; tesadüf blokları deneme tertibinde 2 Ca düzeyi (% 3 ve 3.5), 2 P_y düzeyi (% 0.15 ve 0.35) ve 2 Sitrik asit düzeyi (% 0 ve 4) olmak üzere 2x2x2 faktöriyel düzende 8 deneme grubu ile 4 tekerrürlü olarak toplam 32 bölmeli yer kümesinde yürütülmüştür. Her bir muamele grubu için 160 tavuk (her tekerrürde 40 hayvan) kullanılmıştır. Deneme planı çizelge 3.3'de verilmiştir. Karma yemlerde yapılan Ca ve P analiz değerleri hemen hemen tamamen ham maddelerden hesaplanan değerlere benzer olması dolayısıyla, tezde hesaplanan değerler üzerinden değerlendirmeler yapılmıştır (çizelge 3.1 ve 3.2).

Çizelge 3.3 Deneme planı

Deneme gurupları	Kalsiyum düzeyi %	Fosfor düzeyi (P_y) %	Sitrik asit düzeyi %
1	3	0.15	0
2	3	0.15	4
3	3	0.35	0
4	3	0.35	4
5	3.5	0.15	0
6	3.5	0.15	4
7	3.5	0.35	0
8	3.5	0.35	4

Deneme kümeslerinde standart olarak uygulanan, doğal havalandırma ve programlı aydınlatma sistemi sağlanmıştır. Deneme boyunca kümeslerde aydınlatma süresi 16 saat uygulanmıştır. Deneme süresince kümes içi sıcaklığı havalandırmayla ortalama 21 ^{0}C olacak şekilde düzenlenmiştir.

3.2.2 İncelenen kriterler

3.2.2.1 Verim kriterleri

3.2.2.1.1 Yumurta verimi

Alt gruplarda her gün yumurta verimi kayıtları tutularak, 28 günlük yumurta verim yüzdeleri tavuk gün olarak tespit edilmiştir. Ayrıca, yumurta üretiminin (yumurta kütlesi) hesaplanmasında yüzde yumurta verimi ve yumurta ağırlığından faydalanılarak g/tavuk/gün olarak tespit edilmiştir.

3.2.2.1.2 Yumurta ağırlığı

Yumurta ağırlıkları için 2 haftada bir her alt grubun yumurtalarının tamamı toplanarak oda sıcaklığında 24 saat bekletildikten sonra 0.01 g hassasiyetindeki terazi ile tartılıp alt grup olarak ağırlıkları belirlenmiştir.

3.2.2.1.3 Yumurta üretimi

İlgili döneme ait her bir alt grubun ortalama yumurta ağırlığının ortalama yumurta verimi ile çarpımı sonucu hesaplanmıştır.

3.2.2.1.4 Yem tüketimi ve yem değerlendirme sayısı

Dört haftada bir 5 g hassasiyetindeki terazi ile yapılan tartımlarla yem tüketimi her bir alt grup (tekerrür) için toplam olarak tespit edilmiştir. Tespit edilen toplam yem tüketimi ilgili dönemdeki alt grup toplam tavuk gün sayısına bölünerek tavuk başına günlük ortalama yem tüketimi hesaplanmıştır. Yem değerlendirme ilgili dönemlerdeki ortalama yem tüketiminin aynı dönemdeki ortalama yumurta üretimine bölünmesi sonucu hesaplanmıştır.

3.2.2.1.5 Canlı ağırlık, canlı ağırlık değişimi ve yaşama gücü

Tavukların canlı ağırlık değerleri, herbir blokta bulunan gruplara ait bölmelerdeki hayvanlar % 50 verim yaşına geldiklerinde 25–40 haftalık ve 43–58 haftalık yaşlardaki deneme başı ve deneme sonu canlı ağırlıkları 20 g hassasiyetindeki terazi ile her bölmedeki hayvanlar toplu olarak tartılmıştır. Elde edilen tartımlardan her bir bölmedeki hayvan sayısı dikkate alınarak alt grup ortalamaları hesaplanmıştır. Yaşama gücü değerleri ise her bir blokta yer alan tavukların deneme dönemlerine ait ölen hayvan sayıları tespit edilerek aşağıdaki formüle göre hesap edilmiştir.

Yaşama gücü (%) = (gruplardaki başlangıç tavuk sayısı-ölen tavuk sayısı/gruplardaki başlangıç tavuk sayısı)x100

3.2.2.2 Yumurta kalite kriterleri

3.2.2.2.1 Özgül ağırlık

Tavuklardan deneme başlangıcından itibaren 6 haftada bir olmak üzere birinci ve ikinci deneme döneminde ikişer kez olmak üzere tüm alt gruplardan toplanan tüm yumurtaların rasgele % 25'i seçilerek, oda sıcaklığında 24 saat bekletilmiştir. Tüm yumurtalar 0.01g hassasiyetindeki terazide tek tek tartılarak yumurta ağırlıkları tespit edilmiştir. Ağırlıkları tespit edilen yumurtalar, tuz kullanılarak dansimetre yardımıyla değişik yoğunluklarda hazırlanan tuzlu suda yüzdürülerek, yumurtaların özgül ağırlıkları tespit edilmiştir (Strong 1989).

3.2.2.2.2 Ak yüksekliği

Kabuk kırılma mukavemeti belirlenen yumurtalar cam bir masaya dağılmadan kırılarak ak yüksekliği üçayaklı mikrometre yardımıyla tespit edilmiştir.

3.2.2.2.3 Haugh Birimi

Yumurta ağırlığı ve ak yüksekliğinden yararlanılarak aşağıdaki formül yardımıyla hesaplanmıştır.

Haugh birimi = $100. \log(H + 7.57 - 1.7\ W^{0.37})$

Burada;

H = yumurta akı yüksekliği, mm

W = yumurta ağırlığı, g olarak gösterilmektedir.

3.2.2.2.4 Yumurta sarı rengi

Her bir dönem için, cam masaya düzgün bir şekilde kırılmış yumurtalarda yumurta sarısı rengi Roche Renk skalası yardımıyla (1–15) gruplar yönünden standard koşullarda ve aynı kişi tarafından saptanmıştır.

3.2.2.2.5 Kabuk kırılma mukavemeti

Yumurta ağırlığı ve özgül ağırlıkları tespit edilen yumurtalardan her alt grup için 8 yumurta alınarak kırılma mukavemetleri Rauch (1958) tarafından geliştirilmiş olan kırılma mukavemeti ölçme aleti ile kg/cm^2 olarak ölçülmüştür.

3.2.2.2.6 Kabuk kalınlığı

Masaya düzgün bir şekilde kırılan yumurtaların yumurta kabuklarının uç, orta ve küt kısımlarından alınan kabukların zarları ayrılarak mikrometre yardımıyla kabuk kalınlıkları tespit edilmiştir. Bu üç değerin ortalamaları alınarak alt grup kabuk kalınlığı ortalaması belirlenmiştir.

3.2.2.2.7 Kabuk ağırlığı

Kabuk kalınlığı ölçülen yumurta kabukları zarlarından ayrılarak 50°C sıcaklıktaki kurutma dolabında 3 gün bekletildikten sonra oda sıcaklığına gelmeleri için kurutma dolabından çıkartılıp bekletilmiştir. Oda sıcaklığındaki yumurta kabukları tartılarak her bir alt grupta 8 kabuğun ortalaması alt grup ortalaması olarak tespit edilmiştir.

3.2.2.2.8 Kabuk oranı

Kabuk ağırlıkları tespit edilen grupların daha önce tespit edilen yumurta ağırlıkları dikkate alınarak aşağıda verilen formül yardımıyla kabuk oranı tespit edilmiştir.
Kabuk oranı (%)= (kabuk ağırlığı/yumurta ağırlığı)x100

3.2.2.3 Sindirilebilirlik tespiti

Denemenin 1. ve 2. döneminde her gruptan 12 hayvan alınarak 3 katlı kafes bölmesine yerleştirilmiştir. Hayvanlar 3 gün süreyle kendi grup yemleriyle beslenmişlerdir. Dördüncü günde deneme yemlerine % 0.3 kromoksit (Cr_2O_3) katılarak yemlenmişler ve 48 saat boyunca tükettirildikten sonra altlarına temiz naylon serilerek, her bir alt gruptan 24 saat boyunca biriken gübreler toplanarak derin dondurucuda (-18°C' de) analiz edilene kadar saklanmıştır. Daha sonra gübre örnekleri derin dondurucudan çıkartılıp çözdürülmüş, 55°C' de Ribeiro *et al.* (2001) tarafından belirtilen yönteme göre kurutma dolabında kurutulmuş ve 0,5 mm elekten geçecek şekilde öğütülmüştür. Gübre örneklerinde kromoksit analizi Fenton ve Fenton (1979)'a göre yapılmıştır. Yem ve gübrede yapılan Ca, P ve Cr_2O_3 analiz değerlerinden aşağıda verilen formül yardımıyla sindirilebilirlik değerleri hesaplanmıştır.

$$\text{Sindirilebilirlik (\%)} = 1 - \frac{\text{Yemdeki } Cr_2O_3 \text{ x Gübredeki besin maddesi}}{\text{Gübredeki } Cr_2O_3 \text{ x Yemdeki besin maddesi}} \text{ x100}$$

3.2.2.4 Sindirim sistemi organ ağırlıkları ve taşlık, jejenum pH'sı

Denemenin son haftasında her bir alt gruptan alt grup ortalamasına yakın 8 hayvan rastgele seçilerek grup kodları verilerek canlı ağırlıkları tespit edilmiştir. Canlı ağırlıkları tespit edilerek kesilen hayvanlardan rastgele seçilen tavukların karaciğer ve pankreas ağırlıkları 0.01g hassasiyetindeki terazide tartılarak tespit edilmiştir. Yine kesilen hayvanların bağırsaklarının taşlık ve bağırsak jejenum bölümü içeriklerinde pH ölçümü pH metre yardımıyla zaman geçirilmeden hızlı bir şekilde gerçekleştirilmiştir.

3.2.2.5 Bağırsak içeriği mikroorganizma sayımı

Deneme sonunda kesilen hayvanlardan her bir gruptan 4 tavuğun ince bağırsak ileum bölümü ayrılarak içerikteki Koliform bakteri, E. coli, Salmonella ve Enterokok sayımı Etlik Veteriner Araştırma Merkezinde yaptırılmıştır (Arda, 1985). Verilere logaritmik (log $_{10}$) transformasyon uygulanmış, varyans analizi bu değerler kullanılarak yapılmıştır.

3.2.2.6 Tibia kemiği analizleri

3.2.2.6.1 Tibia kemiği uzunluk, çap ve yoğunluğunun tespiti

Dönem sonunda kesilen tavuklardan her gruptan 6 tavuğun sol tibia kemikleri uygun bir şekilde alınmıştır. Bir bıçak yardımıyla kemiklerden kas, kıkırdak ve zarlar temizlenerek uzaklaştırılmıştır. Temizlenmiş tibia kemiklerinin yaş ağırlıkları 0.01g hassasiyetindeki terazide tartılmıştır. Kemik uzunluğu, kemik çapı (üç ayrı noktadan) kumpas yardmıyla ölçülmüştür. Kemik yoğunluğu, ölçü silindiri yardımıyla tespit edilen değerler ile kemik ağırlığı değeri kullanılarak tespit edilmiştir.

3.2.2.6.2 Tibia kemiği kırılma mukavemetinin belirlenmesi

Otuz altı haftalık deneme sonunda kesilen tavukların sol tibia kemikleri kas, yağ ve zarlarından kemik dokusuna zarar vermeden parmakla sıyrılarak ve bıçak kullanılarak uzaklaştırılmıştır. Kemiklerin önce yaş ağırlıkları alınmış (OTA= (tibia ağırlığı/canlı ağırlık)x100) daha sonra uzunluk ve çapları tespit edilmiştir. Sol tibia kemiklerinde, kırılma mukavemeti ve esnekliği hesaplamak için, Instron Universal Machine'de " Three Point Binding" (üç nokta eğme deneyi) yöntemiyle kemiklerin kırılma işlemi gerçekleştirilmiştir (Makine hızı 5mm/dakika, maksimum hız ise 100mm/dakika). Kemikler yatay olarak uzun eksenlerinden Dokuz Eylül Üniversitesi Mühendislik Fakültesi Malzeme Mühendisliği Bölümü'nde kırılmıştır (Harner and

Wilson 1985). Kırma işleminde kemiklerin uç kısımlarından, iki noktada destek uygulanmıştır. Bu amaçla destek uçları mesafesi ayarlanabilen bir düzenek kullanılmıştır. Bu düzenekte ilk işlem olarak tibia kemiklerinin dorsal ve distal uçlarından 20'şer mm'lik uzunluk hariç tutularak minimum uzunluğa sahip olan kemiğin 40mm'si düşüldükten sonra arta kalan uzunluk iki eşit parçaya kumpasla ölçülüp bölünerek kırılma noktası tespit edilmiştir. Bu anlamda tibia kemikleri için destek noktaları arası mesafe 68mm olarak tespit edilmiştir. Kemik kırılma mukavemetleri kgf ve N/mm^2 olarak hesap edilmiştir.

3.2.2.6.3 Tibia kemiği külü tespiti

Kemiklerin kırılma mukavemet değerleri tespit edildikten sonra her bir grupta maksimum ve minimum değerler atılmak suretiyle 4 kemikte kül değerinin tespitine karar verilmiştir. Yumuşak doku, yağ ve zarlardan temizlenmiş ve grup numaralarına göre kodlanmış kemikler ikiye kırılarak istenmeyen doku vb. parçaların uzaklaştırılması amacıyla 2 gün süreyle etanol içerisinde bekletilmiştir. Etanolda bekletilen kemiklerden etanol kokusu tamamen uzaklaştırıldıktan sonra 105°C'lik kurutma dolabında 1 gün süreyle bekletilmiştir. Kemikler kurutma dolabından desikatöre alınmış ve oda sıcaklığına gelen kemiklerin kuru ağırlıkları 0.0001 g hassasiyetindeki laboratuvar terazisinde tartılarak belirlenmiştir. Kuru kemikler küçük parçalara kırılarak porselen kül kaplarına yerleştirilip, 580°C'lik yakma fırınında kül için en az 8 saat süreyle yakılmıştır. Yakma fırınından alınan kül kapları desikatöre alınarak oda sıcaklığına ulaştıktan sonra kül ağırlıkları 0.0001 g hassasiyetindeki terazide tartılmıştır. Tespit edilen kül örnekleri kuru kemik ağırlığına oranlanmak suretiyle kül %'si hesaplanmıştır (Akyıldız 1984).

3.2.2.7 Kimyasal analizler

3.2.2.7.1 Hammadde, karma yem ve gübre örneklerinde ham besin maddeleri analizi

Araştırmada kullanılan yem hammaddelerinin kuru madde, ham kül, ham yağ, ham protein ve ham selüloz analizleri Weende analiz yöntemine, şeker analizi Zoll kuralına ve nişasta analizi Polarimetrik yönteme göre Ankara Üniversitesi Ziraat Fakültesi Zootekni Bölümü Yemler ve Hayvan Besleme Anabilim Dalı Laboratuarlarında Akyıldız (1984)'ün bildirişi dikkate alınarak yapılmıştır. Yem hammaddelerinin ME değerleri ise Anonim (1989) bildirişinden yararlanılarak hesaplanmıştır. Yem hammaddelerinin aminoasit değerleri Amino Dat 1.0 (Anonim. 1996) bilgisayar programında, diğer besin maddeleri dikkate alınarak hesaplanmıştır. Gübre örneklerinde kuru madde ve ham kül analizleri yem analizlerinde olduğu gibi yapılmıştır.

3.2.2.7.2 Ca ile P analizleri için örneklerin hazırlanması

3.2.2.7.2.1 Kan serumu

Her gruptan 8 tavuktan alınan kanlar oda sıcaklığında 1 saat bekletildikten sonra 3000 devir/dk'da santrifüj edilerek elde edilen serumun Ca ve P içerikleri Alobat Alcycon–300 oto analiz cihazında saptanmıştır.

3.2.2.7.2.2 Yem maddeleri, yumurta kabuğu, tavuk gübresi ve tibia kemiği

Yumurta kabukları her bir deneme dönemin ikinci partilerinden alınmıştır. Kabuklar ince partiküller haline getirildikten sonra her bir alt grup için 3 g civarındaki örnekler hassas laboratuar analiz terazisinde tartılmışlarlardır.

Yaş gübre örnekleri kurutma işlemi tamamlandıktan sonra ince partiküller haline getirilmiş, yaklaşık 2 g örnek hassas laboratuar analiz terazisinde tartılmışlardır.

Deneme süresince hayvanlara yedirilen yem karmalarından her dönem için 2 partiden yem örnekleri uygun yöntemle alınarak, uygun koşullarda saklanmışlardır Yaklaşık 2 g olarak tartılmışlardır. Yaş tibia kemiği örnekleri fazla doku ve yağ parçalarından uzaklaştırıldıktan sonra kurutma işlemi tamamlanmış, ince partiküller haline getirilerek, yaklaşık 0.500 g örnek hassas laboratuar analiz terazisinde tartılmışlardır.

Yem maddeleri, yumurta kabuğu, tavuk gübresi ve tibia kemiği örnekleri 550 ^{0}C'de yakma fırınında 6 saat süreyle yakılmış ve desikatöre alınmıştır. Bu örneklerden 0.500 g tartılarak erlenlere aktarılmıştır. Bu örneklere Hidroklorik Asit ve Nitrik Asitle hazırlanmış çözeltiden (% 37'lik HCL asitten % 25 HCl hazırlanarak kalan kısım safsu ile tamamlanarak 1000 ml'lik çözelti için 0.5 ml Nitrik Asit ilave edildi) 30 ml ilave edilerek 150 ^{0}C yakılarak soğutulduktan sonra 100 ml'lik balon jojelere 42 numara süzme kağıtlarından faydalanılarak süzülmüştür. Balonlar 100 ml'ye tamamlandıktan sonra, Ca ve P değerleri belirlenmiştir.

3.2.2.7.3 Ca ve P analizleri

Kan serumu, yumurta kabuğu, tavuk gübresi, tibia külü ve yem karmalarında örnek hazırlığı sonrasında Ca (Zak *et al.* 1975)'e ve P (Yee 1968)'e göre analiz kitlerinin analiz aralığı dikkate alınarak optimum konsantrasyon elde edilecek şekilde seyreltmeler yapılarak Alobat Alcycon–300 oto analiz cihazında (Ankara Üniversitesi Veteriner Fakültesi Biyokimya A.B.D) saptanmıştır.

3.2.3 İstatistik analizler

Araştırma sonucunda elde edilen parametrelere ait değerler Tesadüf Blokları Deneme Tertibinde 2x2x2 faktöriyel düzende Varyans analizinde (Düzgüneş vd. 1983) Minitab 13.20 paket programından yararlanılarak değerlendirilmiş ve gruplar arasındaki farklılıkların tesbitinde Duncan testleri (1955) MSTAT-C paket programıyla yapılmıştır. Yaşama gücünün istatistik kontrolünde ise Khi-Kare metodu kullanılmıştır (Düzgüneş vd. 1983).

4. BULGULAR

Yürütülen çalışmada farklı Ca ve P_y seviyeleri ile bu seviyelerde sitrik asit ilavesinin yumurtacı tavukların değişik dönemlerdeki performans değerleri, yumurta kalite kriterleri, mineral maddelerden yararlanım ve bağırsak mikroflorası üzerine etkileri ayrıntılı bir şekilde incelenmiş ve değerlendirilmiştir. Elde edilen araştırma bulguları aylar ve dönemler itibariyle bu bölümde verilmiştir.

4.1 Verim Kriterleri

4.1.1 Yumurta verimi

Tavukların 25–40 ve 43–58 haftalık dönemlerindeki toplam yumurta verimleri (%) tavuk-gün olarak her bir dönem için 28 günlük priyotlar ve tüm dönem itibariyle çizelge 4.1 'de verilmiştir. Birinci deneme döneminin (25–40 hafta) 25–28 haftaları arasında, yumurta verimi bakımından kalsiyum ve sitrik asitin etkisi önemli görülmezken ($P>0.05$), fosforun etkisi önemli bulunmuştur ($P<0.05$). Yararlanılabilir fosfor içeriği (P_y) % 0.15 olan yemlerle beslenen tavukların yumurta verimi % 0.35 P_y'a göre daha yüksek bulunmuştur. Birinci deneme döneminin 37–40 haftalarında CaxPxSA interaksiyonu önemli bulunmuştur ($P<0.05$). Bu dönemde CaxPxSA interaksiyonu dikkate alındığında % 3.5 Ca düzeyinde % 0.15 P_y içeren rasyonlara sitrik asit ilavesi yumurta verimini düşürürken aynı Ca düzeyinde P_y % 0.35'e çıkartıldğında sitrik asit ilavesi yumurta verimini arttırmıştır. Ca seviyesi % 3.0 olduğunda sitrik asitin etkisi % 0.15 ve 0.35 yararlanılabilir fosfor düzeylerinde, % 3.5 Ca düzeyinde elde edilen bulguların tam tersi yönünde olmuştur.

Çizelge 4.1 Farklı düzeylerde Ca ve P içeren yumurta tavuğu rasyonlarına sitrik asit ilavesinin yumurta tavuklarında yumurta verimi üzerine etkileri (birinci ve ikinci dönem)

Deneme grupları	Ca düzeyi, %	P_y düzeyi, %	Sitrik asi,t düzeyi, %	Yumurta verimi (birinci dönem), %					Yumurta verimi (ikinci dönem), %				
				25–28 hafta	29–32 hafta	33–36 hafta	37–40 hafta	25–40 hafta	43–46 hafta	47–50 hafta	51–54 hafta	55–58 hafta	43–58. hafta
1	3	0,15	0	76,44±0,021	75,04±0,020	76,67±0,009	70,54±0,008^{f}	74,67±0,010^{e}	64,13±0,032	58,96±0,031	62,75±0,032	56,69±0,036	60,63±0,023
2	3	0,15	4	83,74±0,037	78,17±0,030	76,03±0,024	73,03±0,006^{d}	77,74±0,014^{b}	64,33±0,014	64,42±0,027	63,47±0,063	56,52±0,055	62,19±0,039
3	3	0,35	0	78,00±0,013	75,82±0,031	78,63±0,037	74,30±0,035^{c}	76,69±0,026^{d}	69,65±0,035	64,47±0,034	65,13±0,037	55,22±0,016	63,62±0,027
4	3	0,35	4	73,90±0,037	74,70±0,037	71,61±0,042	66,57±0,025^{h}	71,70±0,033^{g}	67,50±0,045	61,65±0,041	63,01±0,067	55,87±0,080	62,01±0,055
5	3,5	0,15	0	80,01±0,027	81,93±0,027	83,17±0,040	79,00±0,027^{a}	81,03±0,030^{a}	78,90±0,032	71,15±0,036	69,99±0,049	64,44±0,032	71,12±0,031
6	3,5	0,15	4	77,60±0,035	78,52±0,030	79,91±0,022	74,39±0,033^{b}	77,61±0,030^{c}	70,00±0,031	65,32±0,012	66,77±0,011	59,74±0,023	65,46±0,016
7	3,5	0,35	0	70,25±0,055	70,39±0,040	72,10±0,027	68,73±0,022^{g}	70,37±0,032^{h}	68,03±0,020	62,88±0,011	65,67±0,025	56,98±0,030	63,39±0,016
8	3,5	0,35	4	74,22±0,034	77,38±0,040	78,47±0,027	70,84±0,015^{e}	72,53±0,028^{f}	68,80±0,030	64,68±0,033	73,18±0,032	66,71±0,023	68,34±0,026
Ca etki													
	3			78,02±0,016	75,93±0,014	75,74±0,015	71,11±0,013	75,20±0,012	66,40±0,016	62,37±0,016	63,59±0,024	56,07±0,024	62,11±0,017
	3,5			75,52±0,020	77,05±0,019	78,41±0,017	73,24±0,015	76,06±0,017	71,43±0,017	66,01±0,014	68,90±0,016	61,97±0,016	67,08±0,013
P etki													
		0,15		79,45±0,016	78,41±0,014	78,95±0,014	74,24±0,013	77,76±0,012	69,34±0,020	64,96±0,017	65,75±0,021	59,35±0,020	64,85±0,017
		0,35		74,09±0,018	74,57±0,018	75,20±0,018	70,11±0,014	73,49±0,015	68,49±0,015	63,42±0,015	66,75±0,022	58,69±0,023	64,34±0,017
SA etki													
			0	76,17±0,018	75,79±0,017	77,64±0,017	73,14±0,015	75,69±0,015	70,18±0,020	64,36±0,017	65,88±0,018	58,33±0,016	64,69±0,015
			4	77,37±0,019	77,19±0,016	76,50±0,016	71,21±0,013	75,57±0,014	67,66±0,015	64,02±0,014	66,61±0,024	59,71±0,025	64,50±0,018
P değerleri													
Ca				0,309	0,590	0,188	0,146	0,619	0,038	0,112	0,104	0,070	0,044
P				0,036	0,074	0,070	0,008	0,020	0,713	0,490	0,752	0,834	0,828
SA				0,624	0,501	0,568	0,185	0,944	0,281	0,875	0,819	0,660	0,935
Ca x P				0,617	0,235	0,215	0,062	0,199	0,033	0,198	0,989	0,895	0,419
Ca x SA				0,866	0,850	0,185	0,634	0,626	0,505	0,454	0,654	0,716	0,945
P x SA				0,606	0,461	0,684	0,543	0,975	0,431	0,942	0,535	0,231	0,431
Ca x P x SA				0,078	0,088	0,054	0,007	0,025	0,201	0,084	0,291	0,283	0,153

a-h: aynı sütunda farklı harfleri taşıyan gruplar arasında fark istatistiki olarak önemlidir ($P<0.05$).

Tüm birinci deneme dönemi olan 25–40 haftalık dönemde de, 37–40 haftalık dönemde elde edilen bulgulara benzer sonuçlar alınmıştır.

İkinci deneme döneminin (43–58 hafta) 47–58 haftaları arasında faktörlerin etkisi önemli görülmezken ($P>0.05$), 43–46 haftalarda CaxP interaksiyonunun etkisi önemli bulunmuştur ($P<0.05$). Bu dönemde CaxP interaksiyonu bakımından, % 0.15 P_y seviyesinde Ca düzeyinin % 3.0'ten % 3.5'a çıkartılması yumurta veriminde artırıcı etki gösterirken ($P<0.05$), % 0.35 P_y düzeyinde Ca düzeyinin önemli bir etkisi saptanmamıştır (Çizelge 4.7). İkinci dönem sonu itibariyle ise kalsiyumun etkisi önemli bulunmuş ($P<0.05$) ve Ca'un % 3.0'ten % 3.5'a çıkartılması yumurta verimini önemli derecede arttırmıştır.

4.1.2 Yumurta ağırlığı

Tavukların yumurta ağırlığı (g) bakımından her bir dönemde 28 günlük periyotlar ve tüm dönem itibariyle değerler çizelge 4.2 'de verilmiştir. Çizelgede görüldüğü gibi birinci dönem tüm ve 28 günlük dönemi ile 2. deneme dönemi sonu ve 43–46, 51–54 ve 55–58 haftalar itibariyle faktörlerin etkileri bakımından önemli bir farklılık tespit edilmemiştir ($P>0.05$). Araştırmanın ikinci deneme döneminin 48–52 haftalarında yumurta ağırlığı üzerine Ca, P ve sitrik asit ilavesinin interaksiyon etkisi önemli bulunmuştur ($P<0.05$). Bu dönemde Ca ve P_y'un değişen her bir düzeyinde sitrik asit ilavesi yumurta ağırlığı üzerinde önemli bir etki yaratmazken, düşük Ca (% 3.0) ve P_y (% 0.15) düzeyli ve sitrik asit ilaveli yemle, diğer Ca ve P_y düzeylerinde sitrik asit ilaveli yemlere göre daha yüksek yumurta ağırlığı elde edilmiştir ($P<0.05$).

4.1.3 Yumurta üretimi (yumurta kütlesi)

Yumurta üretimine (g/tavuk/gün) ait dönemler ve 28 günlük priyotlar itibariyle tüm veriler çizelge 4.3'de verilmiştir. Birinci deneme döneminin 25–28 ve 29-32 haftalarında faktörlerin etkileri bakımından istatistiki önemli farklılık bulunmamıştır. 33–36 haftada kalsiyum, fosfor ve sitrik asitin etkisi önemli bulunmazken (P>0.05), CaxPxSA interaksiyonu istatistiki olarak önemli bulunmuştur (P<0.05). Bu dönemde % 3.5 Ca içerikli sitrik asit içermeyen yemlerde, P_y düzeyinin % 0.15'ten % 0.35'e arttırılması yumurta üretimini düşürmüş olup, aynı grup (7. grup) yemine % 4 sitrik asit ilavesi bu düşüklüğü gidermiş ve aynı zamanda sitrik asit ilaveli % 0.35 P_y içerikli daha düşük Ca (% 3.0) içeren 4. grup yemine göre daha yüksek yumurta üretimi sağlamıştır.

Aynı dönemin dördüncü ayında (37–40 hafta) yine CaxPxSA interaksiyonu istatistiki olarak önemli bulunmuştur (P<0.05). Bu dönemde sitrik asit içermeyen % 3.5 Ca içeren yemlerde, P_y içerinin % 0.15'ten % 0.35'e arttırılması yumurta üretiminde önemli bir azalma gösterirken aynı gruba sitrik asit ilavesi sadece sayısal düzeyde bir artış sağlamıştır. Birinci deneme döneminin tümü itibariyle (25–40 hafta) yine CaxPxSA interaksiyonun etkisi önemli bulunmuştur (P<0.05). Bu dönemde % 3.5 Ca içerikli sitrik asit içermeyen yemlerde, P_y düzeyinin % 0.15'ten % 0.35'e arttırılması yumurta üretimini önemli ölçüde düşürmüştür.

İkinci deneme dönemi incelendiğinde 51–54 haftalık yaşta faktörlerin etkileri bakımından önemli bir farklılık görülmemiştir (P>0.05). 43–46 haftada CaxP interaksiyonu önemli bulunmuştur (P<0.05). Yumurta verimine benzer olarak bu dönemde % 0.15 yararlanılabilir fosfor içeren yemlerde Ca düzeyinin % 3.0'ten % 3.5'a çıkartılması tavuklarda yumurta üretiminde artış gösterirken, yararlanılabilir fosfor düzeyinin % 0.35 olduğu gruplarda önemli bir farklılık saptanmamıştır (çizelge 4.7). 47- 50 haftalık dönemde CaxPxSA interaksiyonu önemli bulunmuştur (P<0.05).

Çizelge 4.2 Farklı düzeylerde Ca ve P içeren yumurta tavuğu rasyonlarına sitrik asit ilavesinin yumurta ağırlığı üzerine etkileri (birinci ve ikinci dönem)

Deneme grupları	Ca düzeyi, %	P_y düzeyi, %	Sitrik asit düzeyi, %	Yumurta ağırlığı (birinci dönem), g					Yumurta ağırlığı (ikinci dönem), g				
				25–28 hafta	29–32 hafta	33–36 hafta	37–40 hafta	25–40 hafta	43–46 hafta	47–50 hafta	51–54 hafta	55–58 hafta	43–58. hafta
1	3	0,15	0	61,37±0,961	62,34±0,705	62,82±0,693	64,73±0,803	62,81±0,658	62,97±0,831	63,68±1,090^{ab}	64,04±0,392	64,36±0,398	63,76±0,614
2	3	0,15	4	62,04±0,434	62,48±0,391	63,41±0,240	64,13±0,260	63,02±0,183	64,33±1,360	65,50±0,743^{a}	64,36±0,385	64,88±0,722	64,77±0,689
3	3	0,35	0	61,94±1,020	62,11±0,344	62,73±0,563	64,29±0,691	62,77±0,614	64,57±0,602	64,61±0,445^{ab}	65,31±0,508	65,22±0,681	64,93±0,271
4	3	0,35	4	61,95±0,653	62,96±0,987	62,21±0,831	64,84±1,050	62,99±0,456	63,81±0,559	63,28±0,938^{b}	64,01±0,513	64,26±0,606	63,84±0,637
5	3,5	0,15	0	61,74±0,803	62,49±0,515	63,82±1,830	64,05±0,234	63,03±0,326	63,83±0,360	65,05±0,577^{ab}	64,66±0,092	65,91±0,489	64,86±0,318
6	3,5	0,15	4	62,05±0,771	62,39±0,388	62,58±0,819	63,90±0,540	62,73±0,580	62,68±0,313	63,23±0,162^{b}	63,74±0,776	67,62±2,190	64,32±0,689
7	3,5	0,35	0	62,45±0,692	62,55±0,297	63,32±0,789	63,70±0,302	63,00±0,373	63,40±0,262	63,91±0,192^{ab}	63,57±0,649	65,04±0,311	63,98±0,302
8	3,5	0,35	4	61,84±0,284	62,24±0,456	62,76±0,372	63,73±0,597	62,64±0,394	63,02±0,658	63,36±0,479^{b}	63,06±0,529	63,88±0,400	63,33±0,469
Ca etki													
	3			61,82±0,366	62,47±0,306	62,79±0,299	64,50±0,347	62,90±0,231	63,92±0,431	64,27±0,436	64,43±0,244	64,68±0,293	64,32±0,292
	3,5			62,02±0,308	62,42±0,191	63,12±0,505	63,85±0,202	62,85±0,197	63,23±0,220	63,89±0,257	63,76±0,296	65,61±0,624	64,12±0,255
P etki													
		0,15		61,80±0,350	62,43±0,231	63,16±0,494	64,20±0,244	62,90±0,216	63,45±0,409	64,36±0,405	64,20±0,231	65,69±0,624	64,43±0,290
		0,35		62,04±0,325	62,46±0,277	62,76±0,314	64,14±0,341	62,85±0,213	63,70±0,284	63,79±0,293	63,99±0,328	64,60±0,273	64,02±0,248
SA etki													
			0	61,87±0,406	62,37±0,224	63,17±0,501	64,19±0,270	62,90±0,232	63,69±0,293	64,31±0,329	64,39±0,265	65,13±0,261	64,38±0,224
			4	61,97±0,255	62,52±0,281	62,74±0,301	64,15±0,321	62,85±0,196	63,46±0,403	63,84±0,381	63,79±0,283	65,16±0,660	64,06±0,313
P değerleri													
Ca				0,680	0,890	0,609	0,114	0,879	0,168	0,371	0,079	0,184	0,589
P				0,617	0,924	0,529	0,874	0,874	0,614	0,181	0,565	0,123	0,278
SA				0,839	0,709	0,500	0,917	0,847	0,633	0,270	0,112	0,969	0,392
Ca x P				0,992	0,825	0,702	0,628	0,979	0,552	0,871	0,079	0,088	0,165
Ca x SA				0,609	0,374	0,465	0,964	0,366	0,284	0,100	0,755	0,721	0,456
P x SA				0,414	0,750	0,870	0,408	0,972	0,491	0,272	0,415	0,124	0,149
Ca x P x SA				0,896	0,565	0,482	0,545	0,946	0,149	0,015	0,179	0,616	0,190

a-b: aynı sütunda farklı harfleri taşıyan gruplar arasında fark istatistiki olarak önemlidir ($P<0.05$).

Çizelge 4.3 Farklı düzeylerde Ca ve P içeren yumurta tavuğu rasyonlarına sitrik asit ilavesinin yumurta üretimi (egg mass) üzerine etkileri (birinci ve ikinci dönem)

Deneme grupları	Ca düzeyi, %	P_y düzeyi, %	Sitrik asit düzeyi, %	Yumurta üretimi (birinci dönem), g/tavuk/gün					Yumurta üretimi (ikinci dönem), g/tavuk/gün				
				25–28 hafta	29–32 hafta	33–36 hafta	37–40 hafta	25–40 hafta	43–46 hafta	47–50 hafta	51–54 hafta	55–58 hafta	43–58. hafta
1	3	0,15	0	46,88±0,961	46,75±0,705	48,16±0,693^{ab}	45,67±0,803^{b}	46,87±0,252^{ab}	40,43±2,360	37,58±2,280^{b}	40,18±2,030	36,45±2,130	38,66±1,470
2	3	0,15	4	51,91±0,434	48,87±0,391	48,23±0,240^{ab}	46,83±0,260^{ab}	48,96±0,909^{ab}	41,34±0,716	42,16±1,620^{ab}	40,88±4,170	36,65±3,520	40,26±2,400
3	3	0,35	0	48,31±1,020	47,11±0,344	49,34±0,563^{ab}	47,79±0,691^{ab}	48,14±1,820^{ab}	44,94±2,080	41,63±2,130^{ab}	42,52±2,390	35,99±0,675	41,27±1,640
4	3	0,35	4	45,84±0,653	47,05±0,987	44,57±0,831^{b}	43,16±1,050^{b}	45,16±2,140^{b}	43,00±2,500	38,91±2,040^{b}	40,24±4,000	35,79±4,860	39,49±3,170
5	3,5	0,15	0	49,43±0,803	51,16±0,515	52,98±1,830^{a}	50,60±0,234^{a}	51,04±1,670^{a}	50,34±1,870	46,32±2,560^{a}	45,27±3,220	42,44±1,910	46,09±2,000
6	3,5	0,15	4	48,22±0,771	49,02±0,388	50,05±0,819^{ab}	47,56±0,540^{ab}	48,71±2,260^{ab}	43,86±1,810	41,30±0,808^{ab}	42,58±1,090	40,54±2,820	42,07±1,350
7	3,5	0,35	0	43,95±0,692	44,05±0,297	45,68±0,789^{b}	43,80±0,302^{b}	44,37±2,210^{b}	43,14±1,390	40,19±0,734^{ab}	41,76±1,740	37,07±2,000	40,54±1,130
8	3,5	0,35	4	45,92±0,284	48,19±0,456	49,24±0,372^{a}	45,15±0,597^{b}	47,12±1,850^{ab}	43,35±1,870	40,96±2,000^{ab}	46,14±1,930	42,62±1,550	43,27±1,620
Ca etki													
	3			48,24±1,020	47,45±0,917	47,58±1,050	45,86±0,846	47,28±0,758	42,43±1,020	40,07±1,030	40,96±1,490	36,22±1,430	39,92±1,050
	3,5			46,88±1,360	48,10±1,210	49,49±1,120	46,77±1,030	47,81±1,100	45,17±1,100	42,19±0,987	43,94±1,070	40,67±1,110	42,99±0,873
P etki													
		0,15		49,11±1,040	48,95±0,862	49,86±0,940	47,66±0,837	48,90±0,766	43,99±1,280	41,84±1,180	42,23±1,380	39,02±1,370	41,77±1,100
		0,35		46,00±1,240	46,60±1,180	47,21±1,170	44,98±0,927	46,20±0,979	43,61±0,918	40,42±0,853	42,67±1,320	37,87±1,43	41,14±0,980
SA etki													
			0	47,14±1,160	47,26±1,060	49,04±1,120	46,96±1,030	47,60±0,968	44,71±1,280	41,43±1,230	42,43±1,180	37,99±1,040	41,64±1,000
			4	47,97±1,260	48,28±1,080	48,03±1,090	45,67±0,827	47,49±0,922	42,89±0,859	40,83±0,816	42,46±1,50	38,90±1,680	41,27±1,080
P değerleri													
Ca				0,423	0,638	0,168	0,365	0,640	0,057	0,136	0,147	0,037	0,041
P				0,075	0,103	0,061	0,013	0,025	0,779	0,311	0,826	0,571	0,661
SA				0,622	0,469	0,456	0,205	0,920	0,195	0,668	0,990	0,653	0,796
Ca x P				0,641	0,253	0,304	0,065	0,215	0,019	0,199	0,837	0,808	0,286
Ca x SA				0,788	0,990	0,329	0,658	0,773	0,347	0,277	0,684	0,653	0,847
P x SA				0,523	0,466	0,760	0,727	0,998	0,490	0,785	0,612	0,387	0,558
Ca x P_Yx SA				0,123	0,140	0,046	0,017	0,034	0,094	0,026	0,219	0,338	0,088

a-b: aynı sütunda farklı harfleri taşıyan gruplar arasında fark istatistiki olarak önemlidir ($P<0.05$).

Bu dönemde sitrik asit içermeyen P_y düzeyi % 0.15 olan yemlerde Ca düzeyinin % 3.0'ten % 3.5'e çıkartılması yumurta üretimini önemli düzeyde arttırmıştır. 55- 58 hafta ve dönem sonu (43- 58 hafta) itibariyle de kalsiyumun etkisi önemli bulunmuştur ($P<0.05$). 55–58 hafta ve ikinci deneme döneminin tümü yönünden % 3.5 kalsiyum içerikli yemlerle beslenen tavuklarda yumurta üretimi % 3.0 içerikli yemlere göre daha fazla olmuştur.

4.1.4 Canlı ağırlık, canlı ağırlık değişimi ve yaşama gücü

Canlı ağırlık (g/tavuk), canlı ağırlık değişimi (g/tavuk) ve yaşama gücüne (%) ait veriler çizelge 4.4'te verilmiştir. Tavuklar canlı ağırlık bakımından 1. ve 2. deneme dönemi başlangıç canlı ağırlıkları, 2. deneme dönemi canlı ağırlık değişimleri ve yaşama güçleri bakımından incelenen faktörlerin önemli bir etkisi saptanmamıştır ($P>0.05$). Bununla birlikte birinci deneme döneminde canlı ağırlık değişimi bakımından PxSA interaksiyonunun etkisi istatistiki olarak önemli bulunmuştur ($P<0.05$). Birinci deneme dönemi canlı ağırlık değişimi, sitrik asit ilaveli gruplar arasında P_y düzeyinin % 0.15 olması durumunda azalırken, P_y düzeyinin % 0.35'e çıkartılması tam tesine artmıştır (çizelge 4.7).

4.1.5 Yem tüketimi ve yem değerlendirme sayısı

Tavukların birinci ve ikinci deneme dönemi ve 28 günlük peryotlara ait yem tüketim değerleri (g/tavuk/gün) çizelge 4.5'te, aynı dönemlere ait yem değerlendirme sayılarına ait sonuçlar çizelge 4.6'da verilmiştir. Birinci deneme dönemi yem tüketimleri incelendiğinde, 23- 28 hafta ve 29- 32 haftalık yaşlarda bir farklılık görülmezken ($P>0.05$), 33- 36 haftada kalsiyumun etkisi önemli bulunmuştur ($P>0.05$). Kalsiyum içeriği % 3.5 olan yemlerle belenenen tavuklar daha fazla yem tüketmişlerdir. 37–40 haftada sitrik asitin etkisi önemli görülmezken ($P>0.05$), fosforun etkisi ile CaxSA interaksiyon etkisi (37- 40 hafta) istatistiki olarak önemli bulunmuştur (P<0.05). P_y düzeyi % 0.15 olan yemlerle beslenen tavuklar daha fazla yem tüketmişlerdir. Bu dönemde CaxSA interaksiyonu bakımından, Ca içeriği % 3.5 olan rasyonlara sitrik asit ilave edilmesi bu gruptaki hayvanların yem tüketimini artırırken, % 3.0 Ca düzeyinde önemli bir etki yaratmamıştır (çizelge 4.7). Birinci deneme dönemi sonu itibariyle ise sadece kalsiyumun etkisi önemli bulunmuş (P<0.05) ve kalsiyum içeriği % 3.5 olan yemle beslenen tavuklar daha fazla yem tüketmişlerdir.

İkinci deneme dönemi yem tüketimi bakımından, 43–46 haftalık yaşta önemli bir farklılık görülmemiş (P>0.05), 47- 50 hafta ve deneme dönemi sonunda (43–58 hafta) fosforun etkisi önemli bulunmuş ve bu dönemlerde yararlanılabilir fosfor içeriği % 0.35 olan yemlerle beslenen hayvanlar daha az yem tüketmişlerdir. 51–54 hafta ve 55–58 haftalarda ise CaxPxSA interaksiyonunun etkisi önemli bulunmuştur (P<0.05). Tavukların 52–56 haftalık döneminde sitrik asit ilavesi yapılan, P_y düzeyi % 0.35 olan yemlerde Ca düzeyinin % 3.5'tan % 3.0'e düşürülmesi yem tüketimini önemli olarak azaltmıştır. 56–60 haftalık dönemde ise % 3.5 Ca içerikli sitrik asit içermeyen yemlerde, P_y seviyesinin % 0.15'ten % 0.35'e çıkarılması ve aynı dönemde % 0.35 P_y düzeyli sitrik asit içeren yemlerde Ca seviyesinin % 3.5'tan % 3.0'e düşürülmesi yem tüketiminde önemli bir düşüş sağlamıştır. Buna karşılık sadece % 3.5 Ca ve % 0.35 P_y içeren yeme sitrik asit ilave edilmesi yem tüketiminde önemli bir artış yaratmıştır.

Yem değerlendirme sayısı (g yem/g yumurta) bakımından, birinci deneme döneminin ilk 25–36 haftasında önemli bir farklılık görülmezken (P>0.05), 37–40 haftada CaxPxSA interaksiyonu önemli bulunmuş (P<0.05), % 3.5 Ca, % 0.15 P_y içeren yeme % 4 sitrik asit ilavesi yem değerlendirme sayısını olumsuz etkilerken, diğer gruplar arasında önemli bir farklılık bulunmamıştır. Yem değerlendirme sayısı üzerine 43–46 haftada fosforun etkisi önemli olmazken (P>0.05), CaxSA interaksiyonunun etkisi önemli bulunmuştur ($P<0.05$). Bu dönemde CaxSA interaksiyonu bakımından, Ca içeriği % 3.5 olan yemlere sitrik asit ilave edilmesi hayvanların yem değerlendirme sayısını olumsuz etkilerken, % 3.0 Ca seviyesinde ise önemli bir farklılık saptanmamıştır (çizelge 4.7). Yem değerlendirme sayısı bakımından ikinci deneme döneminin diğer haftalarında (47–58 hafta) ve dönem sonunda önemli bir farklılık görülmemiştir.

4.2 Kalsiyum ve Toplam Fosfor Tüketimi ile Sindirilebilirlikleri

Deneme sonunda tavuklarda Ca ve P tüketimi (g/tavuk/gün) ile Ca ve P sindirilebilirliğine (%) ait veriler çizelge 4.8'de verilmiştir.

Kalsiyum tüketimi bakımından birinci ve ikinci deneme döneminde % 3.5 Ca içeren yemlerle beslenen tavuklarda Ca tüketimi % 3 Ca içeren yemlerle belenenlere göre daha yüksek bulunmuştur ($P<0.001$). İkinci deneme döneminde Ca tüketimi üzerine P_y düzeyinin etkisi de önemli bulunmuş ($P<0.05$) ve P_y düzeyinin % 0.15 den % 0.35'e çıkartılması günlük kalsiyum tüketimini düşürmüştür.

Toplam fosfor tüketimi bakımından da birinci deneme döneminde % 0.35 yararlanılabilir fosfor düzeyinde % 0.15'e göre daha yüksek bulunmuştur ($P<0.001$). İkinci deneme döneminde ise CaxPxSA interaksiyonunun etkisi önemli bulunmuştur ($P<0.05$). Bu dönemde % 3.5 Ca ve % 0.35 P_y içeren yemlere sitrik asit ilavesi P tüketimini arttırırken, diğer Ca ve P_y düzeylerinde önemli bir farklılık saptanmamıştır.

Ca sindirilebilirliği bakımından birinci deneme döneminde CaxPxSA interaksiyonunun etkisi önemli bulunmuştur ($P<0.05$). Bu dönemde sitrik asit ilavesi % 3.0 Ca, % 0.35 yararlanılabilir fosfor içeren yemlerle beslenen tavuklarda Ca sindirilebilirliğini düşürürken diğer gruplarda önemli bir farklılık görülmemiştir.

Birinci deneme döneminde P sindirilebilirliği bakımından CaxP interaksiyonunun etkisi istatistiki olarak önemli bulunmuştur ($P<0.05$). % 3.5 kalsiyum düzeyinde P_y düzeyinin % 0.15'ten % 0.35'e çıkartılması P sindirilebilirliğini düşürürken, % 3.0 Ca düzeyinde önemli bir etkisi olmamıştır (çizelge 4.9).

Denemenin ikinci döneminde Ca ve P sindirilebilirliği açısından faktörlerin etkisi önemsiz bulunmuştur ($P>0.05$).

4.3 Yumurta Kalite Kriterleri

4.3.1 Özgül ağırlık

Yumurta kalite kriterlerinden özgül ağırlığa (g/ml) ait 1 ve 2. deneme dönemi verileri çizelge 4.10'da verilmiştir. Tüm deneme süresince özgül ağırlık üzerine faktörlerin önemli bir etkisi saptanmamıştır ($P>0.05$).

4.3.2 Ak yüksekliği

Ak yüksekliğine (mm) ait 1 ve 2. deneme dönemi verileri çizelge 4.10'da verilmiştir. Birinci dönem ak yüksekliği bakımından CaxSA interaksiyonunun etkisi önemli bulunmuştur ($P<0.05$). interaksiyonunun etkisi önemli bulunmuştur ($P<0.05$). Bu dönemde % 3.0 Ca içerikli yemlere sitrik asit ilavesi ak yüksekliğini düşürürken, % 3.5 Ca düzeyinde böyle bir etki saptanmamıştır (çizelge 4.12).

İkinci deneme döneminde ise CaxPxSA interaksiyonunun etkisi önemli olarak bulunmuştur. ($P<0.05$). Bu dönemde, düşük Ca (% 3.0) ve yararlanılabilir fosfor (% 0.15) düzeylerinde sitrik asit ilavesi ak yüksekliğini düşürürken, diğer Ca ve P_y düzeylerinde önemli bir etki yaratmamıştır.

Çizelge 4.4 Farklı düzeylerde Ca ve P içeren yumurta tavuğu rasyonlarına sitrik asit ilavesinin yumurta tavuklarında canlı ağırlık, canlı ağırlık değişimi ve yaşama gücü üzerine etkileri (birinci ve ikinci dönem)

Deneme grupları	Ca düzeyi, %	P_y düzeyi, %	Sitrik asit düzeyi, %	Canlı ağırlık, g/tavuk	Canlı ağırlık değişimi, g/tavuk	Yaşama gücü, %	Canlı ağırlık, g/tavuk	Canlı ağırlık değişimi, g/tavuk	Yaşama gücü, %
				1. dönem baş (25. hafta)	1. dönem (25–40 hafta)	1. dönem (25–40 hafta)	2. dönem son (58. hafta)	2. dönem (43–58 hafta)	2. dönem (43–58 hafta)
1	3	0,15	0	1777,6±17,30	147,3±15,50	100	1990,7±13,40	57,50±13,40	99,34
2	3	0,15	4	1788,1±30,70	91,1±21,40	98,13	1930,7±32,20	52,50±20,40	96,56
3	3	0,35	0	1793,0±18,70	122,4±16,80	99,38	1929,2±46,50	23,50±49,90	95,98
4	3	0,35	4	1809,5±23,90	171,7±32,60	98,75	1954,7±31,10	-3.00±36,20	97,21
5	3,5	0,15	0	1786,9±22,30	131,9±28,00	99,38	1950,9±57,40	46,10±28,40	92,73
6	3,5	0,15	4	1785,6±28,8	124,2±13,60	100	1910,4±46,20	54,70±12,00	98,65
7	3,5	0,35	0	1781,6±11,90	126,2±13,40	97,50	1963,0±35,90	70,80±16,90	95,81
8	3,5	0,35	4	1808,8±35,20	131,4±22,10	98,75	1985,1±31,60	57,10±17,40	95,77
SEM						0,272			0,729
P değeri						0,281			0,062
Ca etki									
	3			1792,1±10,80	133,1±12,7 0	99,06	1951,3±16,10	32,6±16,10	97,28
	3,5			1790,7±12,00	128,44± 9,08	98,91	1952,4±20,80	57,2±9,07	95,74
P etki									
		0,15		1784,6±11,40	123,6±10,50	99,38	1945,7±19,80	52,71±8,86	96,82
		0,35		1798,2±11,10	138,0±11,20	98,59	1958,0±17,20	37,10±16,60	96,19
SA etki									
			0	1784,8±8,20	131,97±8,95	99,06	1958,4±19,50	49,50±14,40	95,97
			4	1798,0±13,70	129,6±12,80	98,91	1945,3±17,60	40,30± 12,30	97,05
P değerleri									
Ca				0,913	0,742	0,780	0,972	0,991	0,151
P				0,276	0,320	0,163	0,668	0,448	0,606
SA				0,291	0,869	0,780	0,647	0,656	0,273
Ca x P				0,703	0,346		0,286	0,164	
Ca x SA				0,982	0,940		0,889	0,747	
P x SA				0,489	0,048		0,206	0,594	
Ca x P x SA				0,652	0,115		0,842	0,991	

a-b: aynı sütunda farklı harfleri taşıyan gruplar arasında fark istatistiki olarak önemlidir ($P<0.05$).

Çizelge 4.5 Farklı düzeylerde Ca ve P içeren yumurta tavuğu rasyonlarına sitrik asit ilavesinin yumurta tavuklarında yem tüketimi üzerine etkileri (birinci ve ikinci dönem)

Deneme grupları	Ca düzeyi, %	P_y düzeyi, %	Sitrik asit düzeyi, %	Yem tüketimi (birinci dönem), g/tavuk/gün					Yem tüketimi (ikinci dönem), g/tavuk/gün				
				25–28 hafta	29–32 hafta	33–36 hafta	37–40 hafta	25–40 hafta	43–46 hafta	47–50 hafta	51–54 hafta	55–58 hafta	43–58. hafta
1	3	0,15	0	145,9±8,73	129,4±4,64	148,4±17,4	118,4±2,96	135,5±7,87	156,7±12,40	127,5±15,00	167,3±8,35^{ab}	169,1±5,01^{ab}	155,2±4,79
2	3	0,15	4	136,6±7,84	118,7±17,1	136,2±10,3	118,5±7,50	127,51±6,84	145,1±4,19	140,5±16,40	157,4±7,17^{ab}	163,2±2,01^{ab}	151,6±4,97
3	3	0,35	0	138,5±7,90	105,2±5,03	145,2±7,18	114,9±2,19	126,0±4,33	143,6±3,76	96,0±10,30	161,2±7,63^{ab}	163,9±5,86^{ab}	141,2±2,36
4	3	0,35	4	136,8±10,2	102,4±12,9	143,2±15,4	106,3±10,3	122,2±12,0	136,4±5,95	94,2±10,60	141,5±4,79^{b}	146,6±11,50^{b}	129,7±5,14
5	3,5	0,15	0	138,8±1,96	123,1±4,56	172,8±8,09	119,2±5,27	138,5±2,20	158,2±4,04	115,2±12,30	172,0±15,90^{ab}	183,2±8,39^{a}	157,2±8,57
6	3,5	0,15	4	147,1±6,78	127,4±7,03	169,6±5,08	146,4±6,73	147,6±2,57	154,5±12,8	141,4±10,60	147,3±11,00^{ab}	167,0±15,20^{ab}	152,6±9,62
7	3,5	0,35	0	140,0±6,17	118,3±15,2	154,1±9,89	114,4±6,42	131,7±8,63	135,9±5,09	116,8±6,05	146,4±8,72^{ab}	146,3±12,50^{b}	136,4±1,83
8	3,5	0,35	4	149,4±6,70	124,0±9,82	169,7±10,7	119,0±2,78	140,5±5,78	164,9±8,37	131,8±20,80	175,4±9,62^{a}	183,2±14,20^{a}	163,8±11,40
Ca etki													
	3			139,5±4,02	113,9±5,75	143,2±6,02	114,5±3,24	127,8±3,89	145,5±3,81	114,6±7,90	156,9±4,02	160,7±3,81	144,4±3,25
	3,5			143,8±2,83	123,2±4,55	166,5±4,33	124,7±4,10	139,6±2,85	153,4±4,64	126,3±6,67	160,3±6,26	169,9±6,94	152,5 ±4,67
P etki													
		0,15		142,1±3,27	124,6±4,51	156,7±6,34	125,6±4,06	137,3±3,08	153,6±4,39	131,2±6,76	161,0±5,54	170,6±4,50	154,1±3,32
		0,35		141,2±3,74	112,5±5,60	153,0±5,69	113,7±3,07	130,1±4,09	145,2±4,06	109,7±7,11	156,1±4,93	160,0±6,44	142,8±4,39
SA etki													
			0	140,80±3,10	118,99±4,50	155,10±5,79	116,71±2,10	132,90±3,08	148,6±4,03	113,9±5,88	161,7±5,39	165,7±5,09	147,5±3,25
			4	142,47±3,88	118,10±6,03	154,68±6,29	122,57±5,01	134,45±4,29	150,2±4,67	127,0±8,44	155,4±5,04	165,0±6,30	149,4±4,89
P değerleri													
Ca				0,401	0,236	0,005	0,025	0,027	0,194	0,255	0,627	0,245	0,133
P				0,853	0,125	0,619	0,010	0,161	0,168	0,044	0,491	0,183	0,040
SA				0,746	0,907	0,954	0,181	0,757	0,784	0,206	0,376	0,931	0,712
Ca xP				0,603	0,302	0,457	0,342	0,959	0,679	0,097	0,391	0,971	0,217
Ca x SA				0,171	0,447	0,374	0,027	0,147	0,076	0,464	0,236	0,170	0,081
P x SA				0,672	0,767	0,333	0,079	0,846	0,131	0,524	0,131	0,192	0,257
Ca x P x SA				0,754	0,833	0,772	0,421	0,820	0,246	0,926	0,033	0,049	0,067

a-b: aynı sütunda farklı harfleri taşıyan gruplar arasında fark istatistiki olarak önemlidir ($P<0.05$).

Çizelge 4.6 Farklı düzeylerde Ca ve P içeren yumurta tavuğu rasyonlarına sitrik asit ilavesinin yumurta tavuklarında yem değerlendirme sayısı üzerine etkileri (birinci ve ikinci dönem)

Deneme grupları	Ca düzeyi, %	P_y düzeyi, %	Sitrik asit düzeyi, %	Yem değerlendirme sayısı (birinci dönem), g yem/g yumurta					Yem değerlendirme sayısı (ikinci dönem), g yem/g yumurta				
				25–28 hafta	29–32 hafta	33–36 hafta	37–40 hafta	25–40 hafta	43–46 hafta	47–50 hafta	51–54 hafta	55–58 hafta	43–58. hafta
1	3	0,15	0	3,117±0,194	2,768±0,090	3,078±0,344	2,593±0,043^b	2,889±0,161	3,883±0,242	3,408±0,417	4,179 ±0,204	4,665±0,163	4,034±0,043
2	3	0,15	4	2,633±0,120	2,411±0,282	2,830±0,214	2,534±0,170^b	2,602±0,102	3,514±0,127	3,362±0,446	4,031±0,593	4,621±0,584	3,882±0,397
3	3	0,35	0	2,876±0,197	2,248±0,150	2,964±0,197	2,421±0,117^b	2,627±0,125	3,210±0,127	2,340±0,303	3,835±0,312	4,563±0,201	3,487±0,151
4	3	0,35	4	2,994±0,177	2,168±0,217	3,262±0,441	2,450±0,155^b	2,718±0,240	3,195±0,175	2,424±0,248	3,587±0,244	4,234±0,473	3,360±0,183
5	3,5	0,15	0	2,826±0,147	2,417±0,151	3,288±0,245	2,362±0,116^b	2,723±0,128	3,164±0,198	2,532±0,373	3,836±0,352	4,353±0,324	3,471±0,282
6	3,5	0,15	4	3,082±0,239	2,613±0,179	3,414±0,217	3,083±0,090^a	3,048±0,155	3,533±0,290	3,442±0,331	3,477±0,298	4,221±0,586	3,668±0,304
7	3,5	0,35	0	3,245±0,282	2,695±0,344	3,366±0,096	2,624±0,181^b	2,983±0,208	3,152±0,072	2,917±0,200	3,520±0,234	4,009±0,487	3,399±0,079
8	3,5	0,35	4	3,257±0,079	2,574±0,165	3,440±0,138	2,642±0,099^b	2,978±0,074	3,835±0,297	3,181±0,368	3,833±0,315	4,343±0,478	3,798±0,298
Ca etki													
	3			2,905±0,091	2,399±0,107	3,033±0,147	2,499±0,061	2,709±0,080	3,450±0,106	2,883±0,208	3,908±0,176	4,521±0,183	3,690±0,126
	3,5			3,103±0,101	2,575±0,103	3,377±0,084	2,678±0,088	2,933±0,074	3,421±0,127	3,018±0,170	3,666±0,142	4,231±0,217	3,584±0,122
P etki													
		0,15		2,915±0,096	2,552±0,093	3,152±0,130	2,643±0,086	2,816±0,076	3,524±0,119	3,186±0,202	3,881±0,187	4,465±0,208	3,764±0,140
		0,35		3,093±0,098	2,421±0,118	3,258±0,124	2,534±0,068	2,827±0,088	3,348±0,111	2,715±0,156	3,694±0,130	4,287±0,198	3,511±0,098
SA etki													
			0	3,016±0,104	2,532±0,107	3,174±0,114	2,500±0,063	2,806±0,080	3,352±0,111	2,799±0,183	3,842±0,140	4,397±0,157	3,598±0,099
			4	2,992±0,094	2,441±0,106	3,236±0,139	2,677±0,087	2,837±0,084	3,519±0,120	3,102±0,190	3,732±0,182	4,355±0,242	3,677±0,146
P değerleri													
Ca				0,169	0,279	0,065	0,051	0,067	0,852	0,607	0,331	0,383	0,568
P				0,212	0,418	0,557	0,220	0,925	0,267	0,082	0,449	0,590	0,183
SA				0,860	0,574	0,727	0,052	0,791	0,291	0,252	0,653	0,896	0,670
Ca x P				0,402	0,129	0,765	0,828	0,499	0,050	0,051	0,402	0,840	0,140
Ca x SA				0,266	0,429	0,834	0,036	0,279	0,030	0,283	0,722	0,663	0,247
P x SA				0,527	0,952	0,492	0,088	0,917	0,291	0,622	0,562	0,890	0,761
Ca x P x SA				0,143	0,359	0,407	0,032	0,143	0,950	0,459	0,434	0,570	0,812

a-b: aynı sütunda farklı harfleri taşıyan gruplar arasında fark istatistiki olarak önemlidir ($P<0.05$).

4.3.3 Haugh birimi

Yumurta haugh birimi bakımından 1 ve 2. deneme dönemine ait veriler çizelge 4.10'da verilmiştir. Birinci deneme döneminde CaxSA interaksiyonun etkisi önemli bulunmuştur ($P<0.05$). Bu dönemde Ca içeriği % 3.0 olan yeme sitrik asit ilavesi olumsuz etki yaratmış ($P<0.05$) ancak % 3.5 Ca düzeyinde önemli bir farklılık saptanmamıştır (çizelge 4.12).

İkinci deneme döneminde CaxPxSA interaksiyonu istatistiki olarak önemli bulunmuştur ($P<0.05$). Bu dönemde düşük Ca (% 3.0) ve P_y (% 0.15) düzeylerinde sitrik asit ilavesi haugh birimini düşürürken, diğer Ca ve P_y düzeylerinde önemli bir etki yaratmamıştır.

4.3.4 Yumurta sarı rengi

Yumurta sarı rengi bakımından 1 ve 2. deneme dönemine ait veriler çizelge 4.10'da verilmiştir. Yumurta sarı rengi değerleri (Roche sıkalası 1–15) birinci deneme döneminde CaxPxSA interaksiyonu istatistiki olarak önemli bulunmuş ($P<0.001$), bu dönemde % 3.0 Ca, % 0.15 P_y içerikli yemlere sitrik asit ilavesi renk değerini düşürürken, % 3.5 Ca, % 0.35 P_y içerikli yemlere sitrik asit ilavesi arttırıcı etki yaratmıştır.

İkinci deneme döneminde PxSA ve CaxSA interaksiyonu istatistiki olarak önemli bulunmuştur ($P<0.05$). Bu dönemde PxSA interaksiyonu yönüyle, P_y içeriği % 0.15 olan yemlere SA ilavesi sarı rengini arttırırken P_y içeriğinin % 0.35 olması durumunda önemli bir farklılık görülmemiştir. (çizelge 4.11). Aynı dönemde CaxSA interaksiyonu bakımından % 3.0 Ca içerikli yemlere sitrik asit ilavesi yumurta sarı renginde artış sağlarken, % 3.5 Ca içerikli yemlerde bir farklılık bulunmamıştır (çizelge 4.13).

4.3.5 Kabuk kırılma mukavemeti

Kabuk kırılma mukavemetine (kg/cm^2) ait 1 ve 2. deneme dönemi değerleri çizelge 4.11'de verilmiştir. Birinci deneme döneminde kabuk kırılma mukavemeti bakımından sitrik asitin önemli bir etkisi görülmezken ($P>0.05$), CaxP interaksiyonunun etkisi önemli bulunmuştur ($P<0.05$). Bu dönemde % 3.5 kalsiyum düzeyinde yararlanılabilir fosforun % 0.15'ten % 0.35'e çıkartılması kırılma mukavemetini olumsuz yönde etkilerken, % 3.0 kalsiyum düzeyinde önemli bir farklılık saptanmamıştır (çizelge 4.12).

İkinci deneme döneminde kabuk kırılma mukavemeti bakımından CaxSA interaksiyonunun etkisi önemli bulunmuştur ($P<0.05$). Bu dönemde Ca içeriği % 3.0 olan yemlere sitrik asit ilave edilmesi kırılma mukavemetini önemli derecede etkilemezken, sitrik asit ilavesinin % 3.5 Ca düzeyinde yapılması kırılma mukavemetini olumsuz yönde etkilemiştir (çizelge 4.13).

4.3.6 Kabuk kalınlığı

Yumurta kalite kriterlerinden kabuk kalınlığının (10^{-2}mm) 1 ve 2. deneme dönemine ait değerleri çizelge 4.11'de verilmiştir. Birinci deneme dönemi kabuk kalınlığı üzerine Ca düzeyinin etkisi önemli olmazken ($P>0.05$), PxSA interaksiyonunun etkisi önemli olarak bulunmuştur ($P<0.05$). Bu dönemde yararlanılabilir fosfor içeriği % 0.35 olan yemlere sitrik asit ilavesi kabuk kalınlığını düşürürken, P_y'un % 0.15 düzeyinde önemli bir farklılık saptanmamıştır (çizelge 4.12).

İkinci deneme döneminde kabuk kalınlığı bakımından faktörlerin etkisi önemli bulunmamıştır ($P>0.05$).

4.3.7 Kabuk ağırlığı

Kabuk ağırlığının (g) 1 ve 2. deneme dönemi verileri çizelge 4.11'de verilmiştir. Birinci deneme dönemi kabuk ağırlığı bakımından sitrik asit ve kalsiyum etkisi önemli olmazken ($P>0.05$), fosforun etkisi istatistiki olarak önemli bulunmuş ($P<0.05$) ve P_y düzeyi % 0.15 olan yemlerle beslenen tavukların yumurta kabuk ağırlığı P_y düzeyi % 0.35 olan yemlerle beslenenlere göre daha yüksek bulunmuştur. İkinci deneme dönemi kabuk ağırlığında ise faktörlerin etkileri bakımından önemli bir farklılık görülmemiştir.

4.3.8 Kabuk oranı

Yumurta kabuk oranının (%) 1 ve 2. deneme dönemi verileri çizelge 4.11'de verilmiştir. Birinci deneme döneminde kabuk oranı bakımından faktörlerin önemli bir etkisi saptanmamıştır. İkinci deneme döneminde CaxPxSA interaksiyonunun etkisi istatistiki olarak önemli bulunmuştur ($P<0.05$). Bu dönemde % 3.5 kalsiyum ve % 0.35 yararlanılabilir fosfor içeren yemlere % 4 sitrik asit ilavesi kabuk oranını düşürürken diğer Ca ve P_y seviyelerinde önemli bir farklılık görülmemiştir.

4.4 Sindirim Sistemi Organ Ağırlıkları, Taşlık ve Bağırsak Jejenum pH'sı

Deneme sonunda sindirim sistemi organ ağırlıkları ile sindirim sistemi içeriği pH'larına ilişkin değerler çizelge 4.14'de verilmiştir. Çizelgede görüldüğü gibi pankreas ağırlığı (g), pankreas oranı (g/kg canlı ağırlık), karaciğer ağırlığı (g) ve karaciğer oranı (g/kg canlı ağırlık) bakımından faktörlerin etkisi önemsiz bulunmuştur $P>0.05$). Bağırsak jejunum pH'sı bakımından kalsiyum ve sitrik asitin etkisi önemsiz bulunurken ($P>0.05$), fosforun etkisi istatistiki olarak önemli bulunmuştur ($P<0.01$).

Çizelge 4.7 Farklı düzeylerde Ca ve P içeren yumurta tavuğu rasyonlarına sitrik asit ilavesinin yumurta tavuklarında performans özelliklerine ait interaksiyon değerleri (birinci ve ikinci dönem)

Ca düzeyi, %	P_y düzeyi, %	Yumurta verimi (2. dönem, 43–46 hafta), %	Yumurta üretimi (egg mass) (2. dönem, 43–46 hafta), g/tavuk/gün	P_y düzeyi, %	Sitrik asit düzeyi, %	Canlı ağırlık değişimi, g/tavuk 1. dönem (25–40 hafta)
3	0,15	$64,23 \pm 1,63^{b}$	$40,88 \pm 1,16^{b}$	0,15	0	139.6 ± 15.1^{ab}
3	0,35	$68,57 \pm 2,66^{ab}$	$43,97 \pm 1,55^{ab}$	0,15	4	107.7 ± 13.3^{b}
3,5	0,15	$74,45 \pm 2,66^{a}$	$47,10 \pm 1,72^{a}$	0,35	0	124.33 ± 9.98^{ab}
3,5	0,35	$68,41 \pm 1,68^{ab}$	$43,24 \pm 1,08^{ab}$	0,35	4	151.6 ± 19.7^{a}

Ca düzeyi, %	Sitrik asit düzeyi, %	Yem tüketimi (1. dönem, 37–40 hafta), g/tavuk/gün	Yem değerlendirme sayısı (2. Dönem, 44–46 hafta), g yem/g yumurta
3	0	$116,7 \pm 1,83^{b}$	$3,546 \pm 0,179^{ab}$
3	4	$112,4 \pm 6,34^{b}$	$3,354 \pm 0,117^{ab}$
3,5	0	$116,8 \pm 3,95^{b}$	$3,158 \pm 0,098^{b}$
3,5	4	$132,7 \pm 6,18^{a}$	$3,694 \pm 0,201^{a}$

a-b: aynı sütunda farklı harfleri taşıyan gruplar arasında fark istatistiki olarak önemlidir ($P<0.05$).

Çizelge 4.8 Farklı düzeylerde Ca ve P içeren yumurta tavuğu rasyonlarına sitrik asit ilavesinin Ca ve toplam P tüketimi ile Ca ve P sindirilebilirliği üzerine etkileri (birinci ve ikinci dönem)

Deneme grupları	Ca düzeyi, %	P_y düzeyi, %	Sitrik asit düzeyi, %	Ca tüketimi (1. dönem), g/tavuk/gün	Ca tüketimi (2. dönem), g/tavuk/gün	Toplam P tüketimi (1. dönem), g/tavuk/gün	Toplam P tüketimi (2. dönem), g/tavuk/gün	Ca Sindirilebilirliği (1. dönem), %	Ca Sindirilebilirliği (2. dönem), %	P Sindirilebilirliği (1. dönem), %	P Sindirilebilirliği (2. dönem), %
1	3	0,15	0	4,135±0,240	4,772±0,147	0,542±0,032	$0,675±0,021^{cde}$	$48,67±9,62^{b}$	65,88±6,26	20,22±5,00	20,06±7,76
2	3	0,15	4	3,890±0,209	4,662±0,153	0,510±0,027	$0,659±0,022^{de}$	$65,7±12,0^{ab}$	47,70±3,86	23,80±10,3	41,82±9,74
3	3	0,35	0	3,804±0,131	4,246±0,071	0,725±0,025	$0,844±0,014^{ab}$	$76,74±6,06^{a}$	52,90±14,6	39,00±16,9	32,77±3,61
4	3	0,35	4	3,689±0,363	3,899±0,154	0,704±0,069	$0,775±0,031^{bc}$	$43,25±5,64^{b}$	51,20±14,4	27,53±8,59	36,00±12,5
5	3,5	0,15	0	4,957±0,079	5,414±0,295	0,587±0,009	$0,666±0,036^{cde}$	$64,19±7,28^{ab}$	51,30±17,4	34,47±9,51	30,79±8,43
6	3,5	0,15	4	5,285±0,092	5,256±0,332	0,626±0,011	$0,647±0,041^{e}$	$62,13±6,26^{ab}$	35,62±3,22	57,17±9,87	23,11±3,30
7	3,5	0,35	0	4,784±0,313	4,710±0,063	0,699±0,046	$0,769±0,010^{bcd}$	$56,15±9,41^{ab}$	38,80±12,8	11,16±1,61	29,76±2,71
8	3,5	0,35	4	5,105±0,210	5,659±0,394	0,746±0,031	$0,924±0,064^{a}$	$58,74±8,27^{ab}$	22,21±2,46	20,01±4,11	37,18±6,77
Ca etki											
	3			3,880±0,119	4,395±0,108	0,620±0,031	0,739±0,603	58,59±5,49	54,40±5,08	27,64±5,18	34,15±4,20
	3,5			5,033±0,101	5,260±0,161	0,665±0,021	0,752±0,529	60,30±3,49	36,98±5,62	30,70±6,08	30,21±2,90
P etki											
		0,15		4,567±0,166	5,026±0,137	0,566±0,015	0,662±0,014	60,17±4,37	50,13±5,22	33,92±5,78	30,43±3,92
		0,35		4,346±0,199	4,628±0,196	0,719±0,021	0,828±0,023	58,72±4,82	41,25±6,36	24,42±5,17	33,92±3,29
SA etki											
			0	4,420±0,154	4,786±0,132	0,639±0,024	0,739±0,021	61,44±4,71	52,21±6,40	26,20±5,44	29,83±2,73
			4	4,492±0,212	4,869±0,212	0,646±0,029	0,752±0,035	57,45±4,42	39,17±4,75	32,14±5,75	34,52±4,28
P değerleri											
Ca				<0,001	<0,001	0,094	0,614	0,783	0,051	0,669	0,498
P				0,179	0,033	<0,001	<0,001	0,817	0,295	0,198	0,547
SA				0,653	0,637	0,755	0,624	0,525	0,133	0,413	0,421
Ca x P				0,781	0,171	0,166	0,367	0,497	0,623	0,011	0,601
Ca x SA				0,128	0,088	0,181	0,043	0,499	0,710	0,183	0,408
P x SA				0,849	0,225	0,858	0,250	0,082	0,639	0,321	0,913
Ca x P x SA				0,832	0,067	0,983	0,037	0,041	0,604	0,967	0,241

a-e: aynı sütunda farklı harfleri taşıyan gruplar arasında fark istatistiki olarak önemlidir ($P<0.05$).

Çizelge 4.9 Farklı düzeylerde Ca ve P içeren yumurta tavuğu rasyonlarına sitrik asit ilavesinin yumurta tavuklarında fosfor sindirilebilirliğine ait CaxP interaksiyon değerleri (birinci dönem)

Ca düzeyi, %	P_y düzeyi, %	P sindirilebilirliği (1. dönem), %
3	0,15	22.02 ± 5.18^{b}
3	0,35	33.25 ± 8.86^{ab}
3,5	0,15	45.82 ± 7.96^{a}
3,5	0,35	15.59 ± 2.80^{b}

a-b: aynı sütunda farklı harfleri taşıyan gruplar arasında fark istatistiki olarak önemlidir ($P<0.05$).

Çizelge 4.10 Farklı düzeylerde Ca ve P içeren yumurta tavuğu rasyonlarına sitrik asit ilavesinin yumurta İç kalitesine etkileri (birinci ve ikinci dönem)

Deneme grupları	Ca düzeyi, %	P_y düzeyi, %	Sitrik asit düzeyi, %	Özgül ağırlık birinci dönem, g/ml	Özgül ağırlık ikinci dönem, g/ml	Ak yüksekliği birinci dönem, mm	Ak yüksekliği ikinci dönem, mm	Haugh birimi birinci dönem	Haugh birimi ikinci dönem	Renk (Roche sıkalası) birinci dönem, 1–15	Renk (Roche sıkalası) ikinci dönem, 1–15
1	3	0,15	0	1,079±0,0005	1,078±0,0007	6,665±0,147	6,221±0,054^{a}	79,75±0,875	76,66±0,148^{a}	10,61±0,383^{a}	10,83±0,284
2	3	0,15	4	1,080±0,0008	1,078±0,0003	5,974±0,372	5,481±0,218^{b}	74,15±3,490	70,36±1,780^{b}	5,61±0,443^{d}	12,05±0,139
3	3	0,35	0	1,199±0,1210	1,077±0,0009	7,078±0,232	5,442±0,148^{b}	82,24±1,600	70,22±1,460^{b}	5,69±0,303^{cd}	12,63±0,076
4	3	0,35	4	1,079±0,0002	1,078±0,0002	6,010±0,222	5,390±0,124^{b}	75,11±1,420	70,09±1,020^{b}	5,77±0,450^{cd}	12,77±0,369
5	3,5	0,15	0	1,079±0,0009	1,078±0,0005	6,352±0,062	5,630±0,035^{b}	77,67±0,530	71,48±0,426^{b}	6,63±0,059^{bc}	11,97±0,348
6	3,5	0,15	4	1,080±0,0005	1,078±0,0005	6,645±0,119	5,841±0,043^{ab}	79,74±0,871	73,79±0,371^{ab}	6,67±0,086^{bc}	12,04±0,205
7	3,5	0,35	0	1,080±0,0006	1,078±0,0003	6,434±0,169	5,819±0,251^{ab}	78,48±1,210	73,43±1,780^{ab}	6,46±0,151b^{cd}	12,90±0,280
8	3,5	0,35	4	1,079±0,0004	1,077±0,0004	6,512±0,074	5,528±0,156^{ab}	78,99±0,590	71,03±1,220^{b}	7,23±0,150^{b}	12,30±0,251
Ca etki											
	3			1,109±0,0301	1,078±0,0003	6,432±0,166	5,633±0,110	77,81±1,270	71,83±0,915	6,92±0,579	12,07±0,226
	3,5			1,080±0,0003	1,078±0,0003	6,486±0,058	5,705±0,075	78,72±0,425	72,43±0,586	6,75±0,092	12,30±0,155
P etki											
		0,15		1,080±0,0003	1,078±0,0002	6,409±0,119	5,793±0,088	77,83±1,020	73,07±0,751	7,38±0,511	11,72±0,176
		0,35		1,109±0,0301	1,078±0,0003	6,508±0,128	5,545±0,090	78,71±0,864	71,19±0,714	6,28±0,206	12,65±0,132
SA etki											
			0	1,109±0,0301	1,078±0,0003	6,632±0,103	5,778±0,100	79,54±0,673	72,95±0,817	7,34±0,508	12,08±0,239
			4	1,080±0,0003	1,078±0,0002	6,285±0,128	5,560±0,080	77,00±1,070	71,32±0,660	6,32±0,225	12,29±0,137
P değerleri											
Ca				0,336	0,706	0,718	0,514	0,458	0,497	0,436	0,198
P				0,335	0,106	0,510	0,030	0,473	0,042	<0,001	<0,001
SA				0,336	0,605	0,030	0,054	0,046	0,074	<0,001	0,263
Ca x P				0,334	0,554	0,409	0,095	0,484	0,102	<0,001	0,075
Ca x SA				0,332	0,285	0,002	0,111	0,004	0,081	<0,001	0,015
P x SA				0,323	0,184	0,330	0,670	0,527	0,680	<0,001	0,023
Ca x P x SA				0,336	0,081	0,787	0,011	0,994	0,005	<0,001	0,570

a-d: aynı sütunda farklı harfleri taşıyan gruplar arasında fark istatistiki olarak önemlidir ($P<0.05$).

Çizelge 4.11 Farklı düzeylerde Ca ve P içeren yumurta tavuğu rasyonlarına sitrik asit ilavesinin yumurta kabuk kalitesine etkileri (birinci ve ikinci dönem)

Deneme grupları	Ca düzeyi, %	P_y düzeyi, %	Sitrik asit düzeyi, %	Kırılma mukavemeti birinci dönem, kg/cm²	Kırılma Mukavemeti ikinci dönem, kg/cm²	Kabuk kalınlığı birinci dönem, 10^{-2}mm	Kabuk kalınlığı ikinci dönem, 10^{-2}mm	Kabuk ağırlığı birinci dönem, g	Kabuk ağırlığı İkinci dönem, g	Kabuk oranı Birinci dönem, %	Kabuk oranı ikinci dönem, %
1	3	0,15	0	1,996±0,149	1,522±0,081	37,64±0,284	38,38±0,300	5,509±0,0720	5,583±0,0987	8,673±0,0746	8,646±0,1180^{ab}
2	3	0,15	4	2,216±0,061	1,581±0,090	38,47±0,317	38,25±0,652	5,555±0,0415	5,593±0,0861	8,794±0,1150	8,525±0,1130^{ab}
3	3	0,35	0	2,117±0,039	1,650±0,082	37,78±0,139	37,57±0,373	5,469±0,0274	5,532±0,0340	8,596±0,0506	8,552±0,1410^{ab}
4	3	0,35	4	2,088±0,040	1,775±0,025	37,30±0,143	37,43±0,197	5,439±0,0554	5,533±0,0767	8,643±0,0529	8,578±0,0370^{ab}
5	3,5	0,15	0	2,109±0,132	1,494±0,102	37,79±0,347	37,64±0,188	5,551±0,0526	5,602±0,0249	8,743±0,1130	8,572±0,0700^{ab}
6	3,5	0,15	4	1,881±0,134	1,379±0,016	37,96±0,194	37,48±0,307	5,539±0,0537	5,534±0,0798	8,690±0,0728	8,608±0,0454^{ab}
7	3,5	0,35	0	1,720±0,038	1,491±0,044	37,95±0,384	37,90±0,299	5,485±0,0851	5,570±0,0753	8,805±0,0764	8,736±0,0855^{a}
8	3,5	0,35	4	1,626±0,059	1,363±0,070	36,99±0,310	36,86±0,566	5,411±0,0900	5,405±0,0548	8,681±0,0672	8,374±0,0862^{b}
Ca etki											
	3			2,104±0,043	1,632±0,041	37,80±0,152	37,91±0,215	5,493±0,0258	5,560±0,0355	8,676±0,0395	8,575±0,0503
	3,5			1,834±0,065	1,432±0,033	37,67±0,176	37,47±0,192	5,497±0,0354	5,528±0,0340	8,730±0,0398	8,572±0,0470
P etki											
		0,15		2,051±0,064	1,494±0,040	37,96±0,153	37,94±0,205	5,539±0,0255	5,578±0,0354	8,725±0,0446	8,588±0,0425
		0,35		1,888±0,060	1,570±0,048	37,51±0,155	37,44±0,197	5,451±0,0318	5,510±0,0324	8,681±0,0345	8,560±0,0539
SA etki											
			0	1,986±0,062	1,539±0,040	37,79±0,139	37,87±0,156	5,504±0,0293	5,572±0,0301	8,704±0,0417	8,626±0,0515
			4	1,953±0,068	1,524±0,051	37,68±0,187	37,51±0,245	5,486±0,0324	5,516±0,0381	8,702±0,0387	8,521±0,0415
P değerleri											
Ca				0,001	0,001	0,543	0,140	0,933	0,535	0,393	0,963
P				0,029	0,144	0,034	0,096	0,046	0,195	0,481	0,666
SA				0,640	0,772	0,592	0,214	0,674	0,289	0,966	0,106
Ca x P				0,032	0,101	0,799	0,276	0,824	0,807	0,262	0,910
Ca x SA				0,080	0,044	0,170	0,420	0,547	0,245	0,173	0,363
P x SA				0,684	0,796	0,006	0,443	0,415	0,607	0,560	0,326
Ca x P x SA				0,182	0,696	0,829	0,452	0,932	0,669	0,991	0,040

a-d: aynı sütunda farklı harfleri taşıyan gruplar arasında fark istatistiki olarak önemlidir ($P<0.05$).

Bağırsak içeriği (jejunum) pH'sı, yararlanılabilir fosfor içeriği % 0.15 olan yemlerle beslenen tavuklarda P_y düzeyi % 0.35 olan gruplardan daha düşük olarak saptanmıştır. Taşlık içeriği pH'sı bakımından ise CaxPxSA interaksiyonu önemli bulunmuştur ($P<0.01$). Bu dönemde sitrik asit ilave edilmeyen % 0.15 P_y düzeylerinde Ca düzeyinin % 3.0'den % 3.5'a çıkartılması taşlık içeriği pH'sını arttırmıştır.

4.5 İleum Bağırsak İçeriği Mikroorganizma Sayısı

Deneme sonunda kesilen tavukların ince bağırsaklarının ileum bölümü içeriği mikrorganizma sayımına ait değerler çizelge 4.15'de verilmiştir. Tespiti yapılan Koliform bakteri, E.coli ve Enterokok bakımından faktörler önemli bir farklılık yaratmamıştır ($P>0.05$). Deneme gruplarının hiç birinde Salmonella tespit edilmemiştir.

4.6 Tibia Kemiği Fiziksel Kriterleri

Tibia ağırlık, uzunluk ve kırılma özelliklerine ait veriler çizelge 4.16'de verilmiştir. Tespit edilen tibia kemiği uzunluk, yaş mutlak ağırlık, yaş nispi ağırlık, çap, elastikiyet ve mukavemet (N/mm^2) kriterleri bakımından faktörlerin etkisi önemli görülmemiştir. Ancak tibia yoğunluğu bakımından kalsiyumun etkisi önemli görülmezken ($P>0.05$), fosforun ve sitrik asitin etkisi istatistiki olarak önemli bulunmuştur ($P<0.05$). Tibia yoğunluğu (g/ml), fosfor içeriği % 0.35 olan yemlerle beslenen hayvanlarda % 0.15 içerikli rasyonlarla beslenenlere göre daha yüksek bulunmuştur.

Çizelge 4.12 Farklı düzeylerde Ca ve P içeren yumurta tavuğu rasyonlarına sitrik asit ilavesinin yumurta kalite kriterlerine ait interaksiyon değerleri (birinci dönem)

Ca düzeyi, %	P_y düzeyi, %	Kırılma mukavemeti, kg/cm^2	Ca düzeyi, %	Sitrik asit düzeyi, %	Haugh birimi	Ak yüksekliği, mm	P_y düzeyi, %	Sitrik asit düzeyi, %	Kabuk kalınlığı, 10^{-2}mm
3	0,15	2,106±0,085^{a}	3	0	81,00±0,968^{a}	6,871±0,149^{a}	0,15	0	37,71±0,209^{ab}
3	0,35	2,102±0,026^{a}	3	4	74,63±1,750^{b}	5,992±0,201^{c}	0,15	4	38,22±0,197^{a}
3,5	0,15	1,995±0,097^{a}	3,5	0	78,08±0,630^{ab}	6,393±0,085^{bc}	0,35	0	37,87±0,192^{a}
3,5	0,35	1,673±0,037^{b}	3,5	4	79,36±0,508^{a}	6,579±0,070^{ab}	0,35	4	37,14±0,169^{b}

Çizelge 4.13 Farklı düzeylerde Ca ve P içeren yumurta tavuğu rasyonlarına sitrik asit ilavesinin yumurta kalite kriterlerine ait interaksiyon değerleri (ikinci dönem)

P_y düzeyi, %	Sitrik asit düzeyi, %	Renk (Roche sıkalası), 1–15	Ca düzeyi, %	Sitrik asit düzeyi, %	Kırılma mukavemeti, kg/cm^2	Renk (Roche sıkalası), 1–15
0,15	0	11,40±0,300^{c}	3	0	1,586±0,059^{ab}	11,73±0,367^{b}
0,15	4	12,04±0,115^{b}	3	4	1,678±0,057^{a}	12,41±0,228^{a}
0,35	0	12,76±0,144^{a}	3,5	0	1,492±0,051^{ab}	12,44±0,271^{a}
0,35	4	12,53±0,225^{ab}	3,5	4	1,371±0,033^{c}	12,17±0,157^{ab}

a-c: aynı sütunda farklı harfleri taşıyan gruplar arasında fark istatistiki olarak önemlidir ($P<0.05$).

Yine tibia yoğunluğu % 4 sitrik asit ilaveli grupta ilave edilmeyen gruba göre daha yüksek bulunmuştur. Tibia kırılma mukavemeti (kgf) bakımından kalsiyumun etkisi önemli olmazken ($P>0.05$), PxSA interaksiyonunun etkisi istatistiki olarak önemli bulunmuştur ($P<0.05$). Yararlanılabilir fosfor içeriği % 0.15 olan yemlere sitrik asit ilavesi tibia kemiği mukavemetini düşürürken, % 0.35 P_y düzeyinde sitrik asit ilavesinin bu etkisi sadece sayısal düzeyde kalmıştır (çizelge 4.17).

4.7 Kan, Yumurta Kabuğu ve Tibia Kemiği Kalsiyum ve Fosfor Değerleri

4.7.1 Kan serumu Ca ve P değerleri

Deneme sonunda her gruptan 8 tavuktan alınan kan serumlarında tespiti yapılan kalsiyum ve fosfor analiz değerleri çizelge 4.18'de verilmiştir.

Kan serumu kalsiyum içeriği bakımından faktörlerin ana etkileri önemli bulunmazken ($P>0.05$), serum Ca içeriği üzerine CaxSA interaksiyonunun etkisi önemli bulunmuştur ($P<0.05$). Kalsiyum düzeyi % 3.0 yemlere sitrik asit ilavesi (% 4) kan serumu kalsiyum düzeyini önemli miktarda yükseltmiş, % 3.5 Ca düzeyinde ise sitrik asitin önemli bir etkisi bulunmamıştır.

Kan serumu fosfor seviyesi bakımından yine faktörlerin ana etkileri önemli çıkmamış ($P>0.05$), serum P içeriği üzerine CaxSA interaksiyonunun etkisi önemli bulunmuştur ($P<0.01$). Kan kalsiyum içeriğinde olduğu gibi kalsiyum düzeyi düşük rasyonlara sitrik asit ilavesi kan serumu fosfor düzeyini arttırmıştır (Çizelge 4.19).

4.7.2 Yumurta kabuğu külü ile Ca ve P değerleri

Denemenin birinci (25–40) ve ikinci (43–58) dönemi, yumurta kabuk kül oranı ile Ca ve P içeriklerine ait veriler çizelge 4.20'de verilmiştir.

Birinci deneme dönemi kabuk kül oranı üzerine faktörlerin önemli bir etkisi görülmezken ($P>0.05$), ikinci deneme dönemindeki kül oranı üzerine Ca ($P<0.01$), P_y ($P<0.05$) ile CaxP, PxSA ($P<0.01$) ve CaxSA interaksiyonunun etkisi önemli bulunmuştur ($P<0.05$).

Kalsiyum x fosfor interaksiyonu bakımından bu dönemde % 3.0 kalsiyum, % 0.35 P_y içeren yemlerle beslenen tavukların yumurta kabuk kül oranlarını azaltırken, % 3.5 Ca düzeyinde önemli bir farklılık saptanmamıştır. PxSA interaksiyonu bakımından % 0.35 P_y içeren yemlere sitrik asit ilavesi yumurta kabuk külünü düşürürken, % 0.15 P_y düzeyinde önemli bir etkisi görülmemiştir. CaxSA interaksiyonu bakımından ise % 3.0 Ca içeren yemlere sitrik asit ilavesi kül değerini düşürürken, Ca'un % 3.5 düzeylerinde önemli bir etki bulunmamıştır (çizelge 4.21).

Yumurta kabuk Ca içeriği bakımından ikinci deneme döneminde faktörler arasında önemli farklılık görülmemiştir ($P>0.05$). Birinci dönemde ise fosfor ve sitrik asitin önemli bir etkisi görülmezken ($P>0.05$), kalsiyumun etkisi istatistiki olarak önemli bulunmuştur ($P\geq0.05$). Bu dönemde % 3 kalsiyum içerikli karmalarla beslenen tavukların yumurta kabuk kalsiyum içeriği % 3.5 Ca içeren yemlere göre daha yüksek bulunmuştur. Yumurta kabuk P içeriği bakımından birinci ve ikinci deneme döneminde faktörlerin etkileri önemsiz bulunmuştur ($P>0.05$).

Çizelge 4.14 Farklı düzeylerde Ca ve P içeren yumurta tavuğu rasyonlarına sitrik asit ilavesinin yumurta tavuklarında sindirim sistemi organ ağırlıkları, bağırsak taşlık ve jejenum pH'sı üzerine etkileri

Deneme grupları	Ca düzeyi, %	P_y, düzeyi, %	Sitrik asit düzeyi, %	Pankreas ağırlığı, g	Pankreas ağırlığı, g/kg CA	Karaciğer ağırlığı, g	Karaciğer ağırlığı, g/kg CA	Taşlık pH'sı	Jejenum pH'sı
1	3	0,15	0	3,970±0,254	0,206±0,0096	33,20±3,240	1,722±0,141	4,148±0,303^{b}	6,092±0,139
2	3	0,15	4	4,318±0,391	0,224±0,0145	37,94±0,768	1,991±0,085	4,692±0,135^{ab}	5,974±0,089
3	3	0,35	0	3,910±0,107	0,182±0,0067	37,29±3,010	1,723±0,110	4,640±0,237^{ab}	6,178±0,036
4	3	0,35	4	3,694±0,199	0,189±0,0153	34,84±1,810	1,766±0,076	5,008±0,133^{ab}	6,252±0,062
5	3,5	0,15	0	4,264±0,266	0,206±0,0141	42,87±4,810	2,072±0,233	5,080±0,066^{a}	5,980±0,051
6	3,5	0,15	4	3,852±0,448	0,193±0,0190	35,66±3,020	1,804±0,147	4,470±0,118^{ab}	6,086±0,050
7	3,5	0,35	0	4,134±0,364	0,205±0,0167	37,80±2,060	1,888±0,130	4,398±0,134^{ab}	6,146±0,066
8	3,5	0,35	4	4,248±0,290	0,208±0,0122	34.98±1.220	1,713±0,058	5,172±0,231^{a}	6,292±0,061
Ca etki									
	3			3,973±0,130	0,200±0,007	35,82±1,190	1,801±0,055	4,622±0,121	6,124±0,048
	3,5			4,125±0,165	0,203±0,007	37,83±1,580	1,869±0,077	4,780±0,105	6,126±0,037
P etki									
		0,15		4,101±0,167	0,207±0,007	37,42±1,720	1,897±0,040	4,598±0,113	6,033±0,043
		0,35		3,997±0,128	0,196±0,007	36,23±1,020	1,773±0,048	4,805±0,112	6,217±0,030
SA etki									
			0	4,070±0,125	1,200±0,006	37,79±1,760	1,851±0,081	4,567±0,123	6,099±0,042
			4	4,028±0,170	1,203±0,008	35,85±0,918	1,819±0,051	4,836±0,097	6,151±0,043
P değerleri									
Ca				0,427	0,771	0,316	0,487	0,239	0,972
P				0,639	0,250	0,551	0,213	0,127	0,003
SA				0,852	0,721	0,335	0,740	0,050	0,357
Ca x P				0,290	0,075	0,399	0,899	0,145	0,972
Ca x SA				0,629	0,374	0,130	0,064	0,166	0,193
P x SA				0,966	0,910	0,725	0,735	0,029	0,305
Ca x P x SA				0,226	0,521	0,153	0,419	0,006	0,499

a-b: aynı sütunda farklı harfleri taşıyan gruplar arasında fark istatistiki olarak önemlidir ($P<0.05$).

4.7.3 Tibia kemiği külü ile Ca ve P değerleri

Deneme sonu tibia kemiği kuru madde, tibia külü, Ca ve P içeriklerine ait veriler çizelge 4.22'de verilmiştir. Tibia külü bakımından kalsiyum ve sitrik asitin etkisi önemli olmazken ($P>0.05$), fosforun etkisi istatistiki olarak önemli bulunmuştur ($P<0.05$). Tibia külü, % 0.35 yararlanılabilir fosfor içeren karmayla beslenen tavuklarda % 0.15 yararlanılabilir P içerikli gruba göre daha yüksek olarak tespit edilmiştir. Tibia külü Ca değerleri bakımından da yemlere sitrik asit ilavesi diğer faktörlere bağlı olmaksızın (interaksiyon önemsiz) tibia kemiği külü Ca içeriğini düşürmüştür ($P<0.05$). Tibia kemiği külü P içeriği üzerine faktörlerin önemli etkisi saptanmamıştır ($P>0.05$).

Çizelge 4.15 Farklı düzeylerde Ca ve P içeren yumurta tavuğu rasyonlarına sitrik asit ilavesinin yumurta tavuklarının bağırsak ileum içeriği mikroorganizma sayısı üzerine etkileri[1]

Deneme grupları	Ca düzeyi, %	P_y düzeyi, %	Sitrik asit düzeyi, %	Koliform Bakteri Log $_{10}$ CFU/g[2]	E. coli Log $_{10}$ CFU/g[2]	Enterekok Log $_{10}$ CFU/g[2]
1	3	0,15	0	2,02	2,55	1,28
2	3	0,15	4	2,68	2,50	2,34
3	3	0,35	0	2,21	1,62	1,32
4	3	0,35	4	2,93	3,47	2,33
5	3,5	0,15	0	2,77	3,72	1,81
6	3,5	0,15	4	2,77	3,02	2,37
7	3,5	0,35	0	2,07	2,50	1,69
8	3,5	0,35	4	2,11	1,91	1,25
SEM				0,472	0,436	0,510
Ca etki	3			2,46	2,54	1,82
	3,5			2,43	2,79	1,78
P etki		0,15		2,56	2,95	1,95
		0,35		2,33	2,37	1,65
SA etki			0	2,26	2,60	1,52
			4	2,62	2,73	2,07
P değerleri						
Ca				0,933	0,466	0,906
P				0,505	0,112	0,416
SA				0,304	0,697	0,143
Ca x P				0,202	0,103	0,391
Ca x SA				0,334	0,040[3]	0,192
P x SA				0,946	0,158	0,478
Ca x P x SA				0,993	0202	0,522

[1]Gruplarda Salmonella tespit edilmemiştir.
[2]Logaritmik CFU; Coloni form ünitesi
[3]Yapılan duncan testinde P= 0.05 düzeyinde gruplar arasındaki fark önemli bulunmamıştır.

Çizelge 4.16 Farklı düzeylerde Ca ve P içeren yumurta tavuğu rasyonlarına sitrik asit ilavesinin tibia kemiği uzunluk, çap, ağırlık ve kırılma özellikleri üzerine etkileri

Deneme grupları	Ca düzeyi, %	P_y düzeyi, %	Sitrik asit düzeyi, %	Tibia kemiği uzunluğu, mm	Tibia kemiği yaş ağırlığı, g	Tibia kemiği ağırlığı/100g CA	Tibia kemiği çapı, mm	Tibia kemiği yoğunluğu, g /ml	Tibia kemiği elastikiyet[1], mm/saniye	Tibia kemiği mukavemet[2], N/mm²	Tibia kemiği mukavemet[2], kgf (N/9.81)
1	3	0,15	0	114,0±2,05	12,07±0,95	0,637±0,029	7,113±0,228	1,255±0,022	1,657±0,059	73,52±8,59	15,39±1,46
2	3	0,15	4	117,0±1,43	11,0,8±089	0,576±0,046	6,875±0,175	1,264±0,039	1,488±0,037	67,246,50	12,69±0,65
3	3	0,35	0	117,6±1,34	12,03±,81	0,605±0,070	6,988±0,224	1,297±0,025	1,558±0,035	78,44±8,12	15,46±0,46
4	3	0,35	4	114,7±1,97	13,12±0,63	0,611±0,040	7,587±0,316	1,350±0,038	1,636±0,043	59,90±11,10	14,67±1,00
5	3,5	0,15	0	115,6±0,87	11,49±0,43	0,644±0,045	6,813±0,133	1,242±0,011	1,627±0,016	84,40±0,99	15,75±0,86
6	3,5	0,15	4	115,8±2,74	12,63±0,26	0,625±0,019	7,312±0,216	1,330±0,012	1,559±0,082	62,13±8,64	13,90±0,65
7	3,5	0,35	0	115,2±2,58	11,76±0,87	0,598±0,033	6,637±0,344	1,291±0,040	1,501±0,072	76,90±13,30	14,14±1,27
8	3,5	0,35	4	116,2±2,19	12,67±0,27	0,619±0,026	6,963±0,264	1,371±0,030	1,505±0,074	89,40±7,16	17,53±0,73
Ca etki											
	3			115,8±0,86	12,28±0,38	0,607±0,023	7,141±0,129	1,291±0,017	1,585±0,026	69,77±4,30	14,55±0,52
	3,5			115,7±1,00	12,14±0,27	0,622±0,015	6,931±0,129	1,308±0,017	1,548±0,033	78,21±4,72	15,33±0,55
P etki											
		0,15		115,6±0,90	12,02±0,32	0,621±0,018	7,028±0,010	1,273±0,014	1,583±0,030	71,82±3,77	14,43±0,53
		0,35		115,9±0,97	12,39±0,34	0,608±0,020	7,044±0,157	1,327±0,017	1,550±0,030	76,16±5,32	15,45±0,53
SA etki											
			0	115,6±0,88	11,84±0,36	0,621±0,022	6,888±0,118	1,271±0,013	1,586±0,028	78,32±4,11	15,18±0,51
			4	115,9±0,98	12,57±0,27	0,608±0,016	7,184±0,133	1,328±0,018	1,547±0,032	69,66±4,87	14,70±0,57
P değerleri											
Ca				0,938	0,784	0,631	0,272	0,409	0,395	0,211	0,273
P				0,832	0,462	0,684	0,934	0,013	0,444	0,514	0,157
SA				0,825	0,155	0,658	0,124	0,010	0,326	0,200	0,490
Ca x P				0,811	0,664	0,650	0,149	0,630	0,193	0,406	0,991
Ca x SA				0,866	0,577	0,628	0,540	0,201	0,878	0,572	0,084
P x SA				0,376	0,604	0,381	0,382	0,655	0,075	0,400	0,017
Ca x P x SA				0,252	0,456	0,827	0,187	0,534	0,313	0,087	0,242

1= Kemiğin kırma işlemi anında çökme miktarı; milimetre/saniye
2= Kemiğin kırılma anında dayanabildiği maksimum kuvvet; kgf, N/mm²

Çizelge 4.17 Farklı düzeylerde Ca ve P içeren yumurta tavuğu rasyonlarına sitrik asit ilavesinin tibia kemiği kırılma mukavemetine ait PxSitrik asit interaksiyon değerleri

P_y düzeyi, %	Sitrik asit düzeyi, %	Tibia kemiği mukavemet, kgf
0,15	0	$15,57 \pm 0,785^{a}$
0,15	4	$13,30 \pm 0,483^{b}$
0,35	0	$14,80 \pm 0,672^{ab}$
0,35	4	$16,10 \pm 0,788^{a}$

a-b: aynı sütunda farklı harfleri taşıyan gruplar arasında fark istatistiki olarak önemlidir ($P<0.05$).

Çizelge 4.18 Farklı düzeylerde Ca ve P içeren yumurta tavuğu rasyonlarına sitrik asit ilavesinin yumurta tavuklarında kan serumu Ca ve P içeriği üzerine etkileri

Deneme grupları	Ca düzeyi, %	P_y düzeyi, %	Sitrik asait düzeyi, %	Ca, mg/dl	P, mg/dl
1	3	0,15	0	19,31±1,380	4,863±0,515
2	3	0,15	4	23,49±0,831	6,175±0,684
3	3	0,35	0	21,29±0,807	5,013±0,373
4	3	0,35	4	22,18±0,534	6,425±0,382
5	3,5	0,15	0	23,37±0,598	5,786±0,428
6	3,5	0,15	4	21,65±0,998	4,663 ±0246
7	3,5	0,35	0	22,36±1,600	5,557±0,368
8	3,5	0,35	4	21,44±1,640	5,813±0,509
Ca etki					
	3			21,57±0,524	5,619±0,270
	3,5			22,16±0,631	5,440±0,209
P etki					
		0,15		21,91 ±0,574	5,358±0,264
		0,35		21,80±0,584	5,706±0,218
SA etki					
			0	21,50±0,620	5,280±0,215
			4	22,19±0,533	5,769±0,260
P değerleri					
Ca				0,425	0,615
P				0,860	0,314
SA				0,450	0,159
Ca x P				0,555	0,690
Ca x SA				0,019	0,008
P x SA				0,438	0,261
Ca x P x SA				0,204	0,330

Çizelge 4.19 Farklı düzeylerde Ca ve P içeren yumurta tavuğu rasyonlarına sitrik asit ilavesinin yumurta tavuklarında kan serumu Ca ve P seviyelerine ait CaxSitrik asit interaksiyon değerleri

Ca düzeyi, %	Sitrik asit düzeyi, %	Ca, mg/dl	P, mg/dl
3	0	$20,30 \pm 0,815^{b}$	$4,938 \pm 0,308^{b}$
3	4	$22,83 \pm 0,506^{a}$	$6,300 \pm 0,380^{a}$
3,5	0	$22,86 \pm 0,832^{a}$	$5,671 \pm 0,273^{abc}$
3,5	4	$21,54 \pm 0,929^{ab}$	$5,238 \pm 0,311^{bc}$

a-c: aynı sütunda farklı harfleri taşıyan gruplar arasında fark istatistiki olarak önemlidir ($P<0.05$).

Çizelge 4.20 Farklı düzeylerde Ca ve P içeren yumurta tavuğu rasyonlarına sitrik asit ilavesinin yumurta kabuğu külü ile Ca ve P içeriği üzerine etkileri (birinci ve ikinci dönem)

Deneme grupları	Ca düzeyi, %	P_Y, düzeyi, %	Sitrik asit düzeyi, %	Yumurta kabuk külü (birinci dönem), %	Yumurta kabuk külü (ikinci dönem), %	Ca, (birinci dönem), %	Ca, (ikinci dönem), %	P, (birinci dönem), %	P, (ikinci dönem), %
1	3	0,15	0	92,23±0,316	93,21±0,366	34,86±1,000	36,08±0,216	0,123±0,010	0,126±0,018
2	3	0,15	4	92,79±0,170	92,88±0,105	37,45±0,732	37,129±0,544	0,156±0,021	0,112±0,004
3	3	0,35	0	92,04±0,185	92,35±0,209	36,43±0,459	36,69±0,697	0,135±0,016	0,141±0,018
4	3	0,35	4	92,39±0,204	91,27±0,332	35,71±1,080	36,78±0,568	0,135±0,003	0,119±0,008
5	3,5	0,15	0	92,5±0,174	93,19±0,240	34,23±1,290	36,99±0,681	0,127±0,010	0,118±0,010
6	3,5	0,15	4	92,53±0,424	94,53±0,229	34,73±0,372	36,05±0,271	0,136±0,021	0,111±0,005
7	3,5	0,35	0	92,25±0,389	94,50±0,180	34,10±0,369	36,65±0,613	0,207±0,097	0,115±0,011
8	3,5	0,35	4	92,70±0,114	93,65±0,399	34,86±0,989	37,24±0,548	0,184±0,060	0,104±0,005
Ca etki									
	3			92,36±0,124	92,43±0,226	36,11±0,454	36,67±0,259	0,137±0,007	0,124±0,007
	3,5			92,51±0,143	93,97±0,191	34,48±0,391	36,73±0,272	0,163±0,027	0,112±0,004
P etki									
		0,15		92,52±0,140	93,45±0,199	35,32±0,522	36,56±0,246	0,135±0,008	0,117±0,005
		0,35		92,35±0,126	92,94±0,345	35,27±0,419	36,84±0,279	0,166±0,027	0,120±0,006
SA etki									
			0	92,27±0,134	93,31±0,229	34,90±0,456	36,61±0,276	0,148±0,024	0,125±0,007
			4	92,60±0,121	93,08±0,336	35,69±0,468	36,80±0,253	0,152±0,016	0,111±0,003
P değerleri									
Ca				0,447	<0,001	0,005	0,871	0,328	0,156
P				0,352	0,010	0,935	0,483	0,267	0,719
SA				0,087	0,22	0,146	0,630	0,858	0,112
Ca x P				0,545	<0,001	0,934	0,714	0,211	0,367
Ca x SA				0,537	0,016	0,778	0,351	0,660	0,582
P x SA				0,739	0,001	0,155	0,720	0,548	0,752
Ca x P x SA				0,389	0,063	0,097	0,126	0,991	0,896

Çizelge 4.21 Farklı düzeylerde Ca ve P içeren yumurta tavuğu rasyonlarına sitrik asit ilavesinin yumurta kabuğu külüne ait interaksiyon değerleri (ikinci dönem)

Ca düzeyi, %	P_y düzeyi, %	Yumurta kabuk külü (ikinci dönem), %	P_y düzeyi, %	Sitrik asit düzeyi, %	Yumurta kabuk külü (ikinci dönem), %	Ca düzeyi, %	Sitrik asit düzeyi, %	Yumurta kabuk külü (ikinci dönem), %
3	0,15	93,05±0,187[b]	0,15	0	93,21±0,203[a]	3	0	92,78±0,254[b]
3	0,35	91,81±0,273[c]	0,15	4	93,71±0,333[a]	3	4	92,08±0,345[c]
3,5	0,15	93,87±0,295[a]	0,35	0	93,43±0,426[a]	3,5	0	93,85±0,283[a]
3,5	0,35	94,08±0,258[a]	0,35	4	92,46±0,511[b]	3,5	4	94,10±0,270[a]

a-c: aynı sütunda farklı harfleri taşıyan gruplar arasında fark istatistiki olarak önemlidir ($P<0.05$).

Çizelge 4.22 Farklı düzeylerde Ca ve P içeren yumurta tavuğu rasyonlarına sitrik asit ilavesinin tibia kemiği kuru madde, kül, Ca ve P içeriği üzerine etkileri

Deneme grupları	Ca düzeyi, %	P_y düzeyi, %	Sitrik asit düzeyi, %	Tibia kemiği, % KM	Tibia kemiği, % kül	Ca, % (tibia kemiği külü)	Ca, % (tibia kemiği KM)	P, % (tibia kemiği külü)	P, % (tibia kemiği KM)
1	3	0,15	0	98,63±0,422	41,55±0,716	35,71±1,180	14,8±0,790	15,28±0,468	6,356±0,267
2	3	0,15	4	98,25±0,496	42,12±0,171	33,80±1,840	14,24±0,788	16,24±1,040	6,840±0,443
3	3	0,35	0	98,52±0,175	43,63±2,070	35,35±1,300	15,49±1,200	16,56±0,298	7,213±0,253
4	3	0,35	4	97,54±1,350	42,39±1,140	34,94±1,710	14,77±0,525	15,48±0,115	6,562±0,180
5	3,5	0,15	0	99,20±0,238	40,20±0,999	41,03±2,330	16,43±0,544	15,50±0,536	6,227±0,226
6	3,5	0,15	4	98,43±0,423	41,93±1,250	32,40±1,600	13,54±0,444	15,82±0,572	6,643±0,377
7	3,5	0,35	0	99,26±0,243	43,51±2,230	34,41±1,360	15,05±1,300	15,69±0,206	6,828±0,381
8	3,5	0,35	4	98,76±0,338	45,71±2,100	33,69±1,100	15,43±1,090	15,67±0,742	7,190±0,578
Ca etki									
	3			98,24±0,355	42,43±0,588	34,90±0,730	14,83±0,408	15,89±0,298	6,743±0,158
	3,5			98,87±0,164	42,83±0,934	35,38±1,140	15,11±0,490	15,67±0,247	6,721±0,204
P etki									
		0,15		98,58±0,196	41,45±0,439	35,74±1,230	14,75±0,410	15,71±0,323	6,516±0,164
		0,35		98,52±0,357	43,81±0,919	34,60±0,640	15,19±0,485	15,85±0,215	6,948±0,183
SA etki									
			0	98,86±0,149	42,23±0,821	36,69±1,030	15,49±0,491	15,76±0,218	6,655±0,164
			4	98,25±0,363	43,03±0,726	33,71±0,746	14,50±0,382	15,80±0,322	6,809±0,198
P değerleri									
Ca				0,124	0,701	0,712	0,657	0,581	0,973
P				0,879	0,034	0,337	0,503	0,724	0,124
Sitrik asit				0,136	0,449	0,019	0,152	0,909	0,576
Ca x P				0,389	0,272	0,200	0,784	0,767	0,601
Ca x SA				0,865	0,281	0,143	0,637	0,790	0,390
P x SA				0,752	0,749	0,054	0,234	0,148	0,292
Ca x P x SA				0,668	0,587	0,180	0,193	0,298	0,329

5. TARTIŞMA VE SONUÇ

Kalsiyum ve yararlanılabilir fosfor düzeyleri farklı yumurta tavuğu rasyonlarına farklı düzeylerde sitrik asit ilavesinin, kahverengi yumurtacı tavuklarının performans, yumurta kalite kriterleri, mineral madde yararlanımı ve ince bağırsak mikroflorası üzerine etkilerini belirlemek amacıyla yürütülen denemeden elde edilen sonuçlar daha önceden yürütülen araştırma bildirilişleri dikkate alınarak bu bölümde tartışılmıştır.

5.1 Verim Kriterleri

Birinci ve ikinci deneme dönemlerinin tümü itibariyle yumurta verimi ve yumurta üretimi üzerine Ca, P ve sitrik asitin etkileri sınırlı olmuştur. % 3.5 Ca ve % 0.15 P_y içeren yemle beslenen tavukların yumurta verimi ve yumurta üretimi değerleri diğer gruplardan daha yüksek olmakla beraber, sitrik asit ilavesi olumsuz etki yapmıştır. Sitrik asit yumurta verimi açısından Ca ve P_y'un düşük düzeyi ile yumurta tavukları için önerilen düzeylerinde arttırıcı etki gösterirken, yumurta üretimi üzerinde etkili olmamıştır. Elde edilen bulgular araştırmanın sadece birinci döneminde ortaya çıkmış olup, genel bir sonuca ulaşma bakımından yeterli değildir. Yumurta verimi yönünden Ademosun and Kalango (1973), Chowdhury and Smith (2002) de yumurta tavuklarında, % 3.5 Ca düzeyinin yumurta verimini arttırdığını ortaya koyarken, Abdallah Abdou *et al.* (1993) tarafından düşük kabuk ağırlığına sahip tavuklarda Ca içeriğinin düşük (% 2.2) olmasının yumurta üretimini düşürdüğünü tespit etmiştir. Yararlanılabilir fosfor düzeylerinin yumurta verimi ve üretimine etkileri bakımından ise Boling *et al.* (2000a), Pan et al. (1998), Miles *et al.* (1983), Keshavarz (2003)'ün % 0.15 P_y düzeyinin verim ve üretimin korunmasında yeterli olduğu ve Blair and Gilbert (1973) P seviyesinin önemli bir etki yaratmaması yönündeki sonuçları çalışmanın ikinci dönemdeki verileriyle paralellik göstermiştir. Aynı şekilde Abdallah Abdou *et al.* (1993) tarafından düşük kabuk ağırlığına sahip tavuklarda, P_t içeriğinin yüksek (% 0.90) olması durumunda yumurta üretiminin düştüğünü tespit etmiştir. Diğer taraftan Keshavarz (2000) düşük P_y (% 0.10) düzeylerinin verimi düşürdüğü yönünde farklı bir sonuç elde etmiştir. Sonuçta, verim kriterleri üzerine sitrik asitin ana etkisi önemli olmamıştır. Ancak bazı verim kriterleri bakımından yumurta tavukları için önerilen ideal Ca ve P_y düzeylerinde etkili olmuştur. Ortaya çıkan bu durum Ca ve P yararlanımında Ca/P_y oranının önemli olduğu temel bilgisiyle açıklanabilir.

Denemede tavukların günlük ortalama yem tüketimi, tüm deneme dönemleri itibariyle yaklaşık 140 g olarak bulunmuştur. Ancak, yumurta tavukları için önerilen % 3.5 Ca düzeyi ile P_y'un % 0.15 düzeyinde günlük yem tüketimleri yaklaşık 12 g daha fazla olmuştur. Denemede kullanılan kahverengi tavuklarının yem tüketimleri, diğer kahverengi hibrid tavuklara göre genelde daha yüksek olmuştur. Yem tüketiminin yüksekliği üzerinde çalışılan tavukların genotipine bağlanmıştır. Denemede günlük Ca tüketimi % 3 ve % 3.5 Ca düzeyli yemlerde sırasıyla birinci deneme döneminde 3.88 ve 5.033 g, ikinci dönemde 4.395 ve 5.260 g olmuştur. Günlük toplam fosfor tüketimleri % 0.15 ve % 0.35 Py içeren yemlerde sırasıyla birinci dönemde 0.566 ve 0.719 g, ikinci dönemde 0.662 ve 0.828 g olarak bulunmuştur. Ca ve P tüketimleri sonuçlarından tavukların yem tüketimlerinin yüksekliğine bağlı olarak, yetersiz Ca ve yetersiz P içeren yemlerle dahi tavukların Ca ve P ihtiyaçlarını karşılayabilecek miktarlarda tüketim sağladıkları anlaşılmaktadır. Sitrik asit ilavesi yem tüketimi üzerine etki yapmamıştır.

Yem değerlendirme sayısı ise Ca, P düzeyleri ve sitrik asit ilavesinden etkilenmemiştir. Yem tüketimi bakımından benzer şekilde, Ademosun and Kalango (1973)'da Ca düzeyinin artmasıyla yem tüketiminin arttığını ve P_y seviyesinin ise bir farklılık yaratmadığını ortaya koymuştur. Pan *et al.* (1998) ilave inorganik fosfor düzeyinin (% 0.105) yem tüketimini attırdığı ve Keshavarz (2000) % 0.15 P_y düzeyinin yem tüketimini iyileştirmede yeterli olduğu ortaya koyarken, Sohail and Roland (2002) P_y'un % 0.1 düzeyinde şok düşüşler olduğu ve % 0.7' çıkartılmasıyla yem tüketiminde artış olduğu belirlemiştir. Bununla birlikte Lim *et al.* (2003)'un

P_y'un yüksek (% 0.25), Ca'un düşük (% 3.0) olması durumunda yem tüketiminin düştüğü yönündeki sonuçlar da bizim bulgularla uyumluluk göstermiştir. Buna karşılık Wilson (1991) tarafından artan Ca düzeylerinin yem tüketimini arttırdığı sonucuyla uyumlu bulunurken artan P_y düzeyinin yem tüketiminini arttırdığı tespit etmiştir. Kalsiyum tüketimi bakımından ise Chowdhury and Smith (2002) tarafından % 3.5 Ca düzeyinin % 3.0 Ca düzeyine göre 80 g/tavuk/gün daha fazla Ca tüketimini arttırdığı, Abdallah Abdou *et al.* (1993) düşük Ca (% 2.2) içerikli yemlerle beslenenler kontrol grubundan (Ca % 3,9) 2 g/tavuk/gün daha az Ca tükettikleri ve yüksek P_t (% 0.90) içerikli yemlerle beslenen tavuklarda da Ca tüketiminin daha düşük olduğu yönündeki çalışmalarla elde edilen bulgular bir paralellik göstermiştir. Nitekim toplam fosfor tüketimi bakımından Keshavarz (2000) % 0.15 P_y düzeyli rasyonlarla beslenen 66 haftalık yaştaki tavuklarda fosfor tüketiminin % 15 civarında düştüğü belirtmiştir.

Kalsiyum ve fosfor sindirilebilirliğinde genelde interaksiyon etkiler saptanmış olmakla beraber, bu etkiler her iki dönemde de devam etmemiş olup, elde edilen bu sonuçlara göre bir genel sonuca ulaşmak mümkün görülmemektedir. Kalsiyum sindirilebilirliği açısından Gordon and Roland (1998) yumurta tavuklarında P_y düzeyinin artmasıyla Ca yararlanımının artması, Lim *et al.* (2003)'un P_y'un yüksek (% 0.25) ve Ca'un yüksek düzeyde (% 4.0) kullanılması durumunda Ca yararlanımının arttığı yönündeki bulguları bizim sonuçlarımızla uyumlu olmamıştır. Aynı şekilde fosfor sindirilebilirliği yönünden, Boling *et al.* (2000a), Kalango and Ademosun (1973) tarafından % 4.5 Ca içeren yemlerle beslenen tavuklarda P tutulumu düşmesi ve Lim et al. (2003)'un Ca'un yüksek düzeyde (% 4.0) kullanılması durumunda P yararlanımının arttığı yönündeki sonuçlar da uyumlu bulunmamıştır.

Yumurta ağırlığı bakımından faktörlerin ana ve interaksiyon etkileri önemli olmamıştır. Bununla birlikte denemenin birinci döneminde (25–40 hafta) tavuklarda canlı ağırlık değişimi, yumurta tavukları için önerilen P_y düzeyinde (% 0.35) sitrik asit ilavesiyle artmıştır. Ancak Keshavarz (2000) % 0.15 P_y düzeyinin yumurta ağırlığının korunmasında yeterli olduğunu tespit etmiştir. Bununla birlikte Sohail and Roland (2002) tarafından P_y'un % 0.1'den % 0.7'ye çıkartılmasıyla yumurta ağırlığı arttırması, Leeson *et al.* (1993) yemlerin Ca içeriğinin artmasıyla yumurta ağırlığının düştüğü ve Rodriguez *et al.* (2002) tarafından ikinci verim dönemindeki yumurta tavuklarında sitrik asit ve fitaz enziminin birlikte kullandıkları çalışmada yumurta ağırlığını arttırdığı yönünde sonuçlar elde etmişlerdir.

Canlı ağırlık ve canlı ağırlık değişimi bakımından, Keshavarz (2000) % 0.15 P_y düzeyinin canlı ağırlık ve canlı ağırlık değişiminin korunmasında yeterli olduğu ve Keshavarz (2003) düşük P_y düzeylerinin ölüm oranını arttırdığı sonucuyla ters düşmüştür. Sohail and Roland (2002) P_y'un % 0.1 düzeyinde şok düşüşler olduğu ve % 0.7' çıkartılmasıyla canlı ağırlıkta ve P_y'un % 0.1'e düşürüldüğünde ölüm oranında artış olduğu sonuçlarıyla uyumlu olmamıştır.

Verim kriterlerinden yem tüketimi ile Ca ve P tüketimleri bakımından, yumurta tavuklarının önerilen Ca (% 3.0) ve P_y (% 0.15) düzeylerinin altında beslenmesi durumunda tavuklar daha fazla yem tüketerek ihtiyaçları olan Ca ve P'u fazlasıyla karşılamışlar ve böylece bu minerallerin eksikliğinden kaynaklanacak yetersizlik semptomlarına maruz kalmamışlardır. Ca, P_y düzeyi ve sitrik asitin yumurta tavuklarında verim kriterleri üzerine önemli bir etki yaratmamış olması, denemede kullanılan kahverengi yumurtacı tavukların beklenenin üzerinde fazla yem tüketmeleri ve Ca ile P ihtiyaçlarının yüksek yem tüketimine bağlı olarak karşılanmış olmasından kaynaklanmış olabileceği sonucuna varılmıştır.

5.2 Yumurta Kalite Kriterleri

Yumurta kalite kriterlerinden özgül ağırlık üzerinde faktörler önemli bir etki yaratmamıştır. Bunun nedeni tavukların yem tüketimlerinin fazla olması nedeniyle gereksinim duydukları Ca ve P'u fazlasıyla karşılamalarına bağlanmıştır. Gordon and Roland ve Abdallah Addou *et al.* (1993) (1998)'de farklı Ca, P_y düzeylerinin bir farklılık yaratmadığını ve rasyonda P_y içeriğinin artırılması ile yumurta özgül ağırlığında önemli bir artış olmadığını ortaya koymuşlardır. Buna karşılık Pan et al. (1998) tarafından ilave inorganik fosfor düzeyinin (% 0.105) yumurta özgül ağırlığını düşürdüğü, Keshavarz (2000), Lim *et al.* (2003) % 0.15 P_y düzeyinin yumurta özgül ağırlığının arttırılmasında yeterli olduğu, Sohail and Roland (2002) Ca'un % 4'ten % 3'e düşürülmesi ve P_y'un % 0.1'den % 0.7'e çıkartılmasıyla yumurta özgül ağırlığının azaldığı ve Lim *et al.* (2003)'un Ca'un düşük (% 3.0) olması durumunda özgül ağırlığın düştüğü yönünde sonuçlar elde etmişlerdir.

Ak yüksekliği ve haugh birimi Ca ve P_y'un yumurta tavukları için önerilen düzeylerin altında kullanılması durumunda artarken, bu gruplara sitrik asit ilavesi olumsuz etkide bulunmuştur. Yumurta sarı rengi bakımından ise sadece birinci dönemde interaksiyon etkiler saptanmış olmakla beraber, sonuçlar tutarlı bulunmamıştır. Bu dönemde hem Ca hem de P'un yetersiz olduğu yemle beslenen tavuklarda sebebi açıklanamayacak şekilde yüksek yumurta sarı rengi elde edilmiştir. Ak yüksekliği ve haugh birimi bakımından yukarıda belirtilen sonucun ortaya çıkması, fazla yem tüketimine bağlı olarak Ca ve P tüketiminde de bir aşırılığın ortaya çıkmasına ve bu özelliklerin olumsuz etkilenmiş olduğu sonucuna bağlanmıştır. Haugh birimi bakımından Lim *et al.* (2003)'un 4 farklı yumurtacı tavuk hattında P_y'un düşük (% 0.15) düzeyde olması durumunda haugh briminin düştüğü ve Ca'un % 3.0 olması durumunda arttığı yönünde sonuçlarla elde etmişlerdir. Ancak ak yüksekliği, haugh birimi ve yumurta sarı rengi üzerine sitrik asit ilavesinin etkileri bakımından daha önce yapılan ve ulaşılan çalışmalarda yeterli bilgiye ulaşılamadığından muhtemel sebepler üzerine başka yorum yapılamamıştır.

Yumurta kabuk kalite değerlerinden kırılma mukavemeti, kabuk kalınlığı ve kabuk ağırlığı bakımından genel olarak yumurta tavukları için önerilen Ca ve P_y düzeyleri ve bu düzeylerde sitrik asit ilavesi ters etki yaratmıştır. Bu durum yine hayvanların düşük Ca ve P_y düzeylerinde yem tüketilerini arttırarak gereksimimlerini karşılamalarından kaynaklanmıştır. Kalsiyum ve yararalanılabilir fosforun yumurta tavukları için önerilen düzeye çıkartılması ve ilave sitrik asit kullanılması bu hayvanlar için gereksinimden fazla tüketime dolayısıyla olumsuz sonuçların alınmasına neden olmuştur. Ademosun ve Kalango (1973) artan Ca ve P_y seviyesinin kabuk kalitesini etkilemediği ve benzer şekilde Lim *et al.* (2003) Ca'un düşük (% 3.0) düzeyde olması durumunda kabuk kırılma direncinin düştüğü yönünde sonuçlar elde etmişlerdir. Kabuk kalınlığı bakımından ise Lim *et al.* (2003)'ün P_y'un düşük (% 0.15) düzeyinin kabuk kalınlığının arttığı ve Ca'un düşük (% 3.0) olması durumunda azaldığı yönündeki sonuçlar bizim bulgularımızla uyumlu bulunmamıştır. Kabuk ağırlığı bakımından bu çalışmada önerilen düzeyde kalsiyumun kullanılmasının önemli bir etkisi bulunmazken, Chowdhury and Smith (2002)'in % 3.5 Ca düzeyinin kabuk ağırlığını arttırdığını tespit etmişlerdir.

Kabuk oranı bakımından, % 3.5 Ca ve %0.15 P_y düzeylerinde en iyi sonuç alınmıştır. Ancak sitrik asit ilavesi yine olumsuz etki yaratmıştır. Kabuk oranında olumlu sonuç alınması, tavukların yumurta ağırlığı üzerine faktörlerin olumsuz bir etki göstermemesine bağlanmıştır. Kabuk oranı bakımıdan, Gordon and Roland (1998) kalsiyum düzeyinin artırılmasıyla yumurta kalitesinin arttığı ve Chowdhury and Smith (2002) % 3.5 Ca düzeyinin kabuk oranını arttırdığı sonucunu elde etmişlerdir. Buna karşılık Ademosun and Kalango (1973) P_y seviyesinin kabuk kalitesini etkilemediği, Keshavarz (2000)'ın % 0.15 P_y düzeyinin % 0.35 P_y düzeyine gore kabuk oranını arttırdığı yönünde farklı sonuçlar ortaya koymuşlardır.

5.3 Sindirim Sistemi Organ Ağırlıkları, Taşlık ve Bağırsak Jejenum pH'sı

Sindirim sistemi organ ağırlıkları üzerine Ca, P ve sitrik asitin önemli bir etkisi bulunmamıştır. Üzerinde durulan faktörlerin organ ağırlıkları üzerine etkisini ortaya koyan her hangi bir çalışmaya ulaşılamadığından, ilave değerlendirme yapılmamıştır. Jejenum pH'sı % 0.15 P_y düzeyinde daha düşük olmuştur. Taşlık pH'sı yönünden ise sitrik asit ilavesiz % 0.15 P_y düzeyinde Ca'un % 3'den % 3.5'a çıkartılması arttırıcı etki yaratmış, sitrik asit ilavesi taşlık ve jejenum içerik pH'sında beklenilen düşürücü etkiyi göstermemiş, aksine pH'yı artırıcı etki göstermiştir. Sitrik asitle ilgili pH bulguları; organik asitlerin sindirim sisteminde hızlı bir şekilde metabolize olmasına ve yine kalsiyum fosfor ve sitrik asitin sindirim sisteminde çeşitli bileşikler (çeşitli mineral tuzları) oluşturduğu yönündeki teorilere bağlanabilir. Elde edilen bulgular, Boling *et al.* (2001) tarafından sitrik asitin sindirim sisteminde hızlı metabolize olabileceği ve Agustin *et al.* (2003) tarfından da sitrik asitin bir organik asit olduğu ve organik asitlerin vücutta hızlı metabolize olduğu ve bu yüzden pH'yı düşürme bakımından fazla bir beklenti olmaması yönündeki görüşlerle uyumlu bulunmuştur.

5.4 İleum Bağırsak İçeriği Mikroorganizma Sayısı

Tespiti yapılan Koliform bakteri, E.coli ve Enterokok bakımından incelenen 3 faktörün de önemli bir etkisi olmamış ve deneme gruplarının hiç birinde Salmonella tespit edilmemiştir. Faktörlerin etkileri bakımından bir farklılığının saptanmaması sitrik asit ilavesiyle sindirim sistemi pH'sında beklenen düşmenin gerçekleşmemesine bağlanabilir.

5.5 Tibia Kemiği Fiziksel Kriterleri

Tibia kemiği boyutları (uzunluk ve çap) ve ağırlığı; Ca, P düzeyleri ve sitrik asit ilavesinden etkilenmezken, tibia yoğunluğunda artan Ca düzeyinde (% 3.5) artış eğilimi görülürken, % 0.35 P_y düzeyi ile % 4 sitrik ilavesi de artış sağlamıştır. Tibia kemiği kırılma mukavemetini (kgf) % 0.15 P_y düzeyinde sitrik asit ilavesi düşürürken, % 0.35 düzeyinde ise artış eğilimi yaratmıştır. Bu durum % 0.15 P_y düzeyine oranla % 0.35 P_y düzeyinde kemik kül değerinin artması sonucunda kemik kırılma direncinin arttığını düşündürmektedir. Bu varsayım Wilson (1991) tarafından kafeste barındırılan tavuklarda yürütülen bir çalışmada, kemik kül içeriğinin artmasıyla kemik kırılma direncinin arttığı sonucuyla da teyit edilmiştir. Elde edilen bu araştırma bulguları, Conner-Dennie and Emmert (2006), sitrik asit ilavesi ile kemik kriterlerinde ve tibia kırılma direncinde artış tespit ettiği araştırma sonucu ile paralellik göstermiştir. Bunun yanısıra Sohail and Roland (2002)'ın P_y'un % 0.1 düzeyinde kemik yoğunluğu ve kırılma mukavemeti bakımından düşüşler olduğu, P_y'un % 0.3'ten % 0.4'e çıkartılmasıyla artış olduğu sonuçlarıyla da uyumlu bulunmuştur.

5.6 Kan, Yumurta Kabuğu ve Tibia Kemiği Kalsiyum ve Fosfor Değerleri

Kan serumu Ca ve P içeriği üzerine P_y düzeylerinin bir etki yaratmadığı söylenebilir. Ca ve sitrik asitin interaksiyon etkisi önemli olmuş ve düşük Ca (% 3.0) düzeylerinde % 4 sitrik asit ilavesi kan serumu Ca ve P içeriklerini artırmıştır. Elde edilen bu araştırma bulguları, Agustin *et al.* (2003) tarafından civciv rasyonlarına sitrik asit ilave edilmesi plazma Ca ve P içeriğini arttırdığı yönündeki sonuç ile uyumluluk gösterirken, aynı araştırmacının rasyon P_y içeriğinin artmasıyla plazma Ca içeriğinin artması ve P içeriğinin düşmesi yönündeki sonucuyla uyumlu bulunmamıştır. Pan *et al.* (1998) tarafından (% 0.27–28 P_y içerikli yemlere) ilave inorganik fosfor düzeyinin (% 0.105) plazmadaki toplam Ca ve P içeriğini etkilememesi sonucuyla da uyumlu bulunmamıştır.

Araştırmanın birinci döneminde faktörlerin etkisi önemli olmamakla beraber, ikinci verim döneminde yumurta kabuk külünü % 3.0 Ca ile % 0.35 P_y düzeyi ve aynı düzeylerde sitrik asit ilavesinin düşürdüğü söylenebilir. Buna karşılık, % 3.0 Ca düzeyi kabuk kül oranını düşürmüş olsa da yumurta kabuk külü Ca içeriğini artırmıştır. Elde edilen bu bulgular, Rodriguez *et al.* (2002) tarafından % 4 Ca, % 0.4 P_y içeren yumurta tavuğu yemlerine sitrik asit ilavesinin kabuk kalsiyum içeriğini arttırdığı yönündeki sonucuyla uyumlu bulunmamıştır. Ademosun and Kalango (1973), Gordon and Roland (1998) tarafından sadece rasyon Ca içeriğinin arttırılması ile kabuk kalitesinin arttığı yönündeki sonucu ile de uyumluluk göstermemiştir.

Tibia kemiği külü üzerine Ca düzeyi ve sitrik asit ilavesi etkili olmamış, P_y'un yumurta tavukları için önerilen düzey olan % 0.35 düzeyinde kullanılması durumunda % 0.15 P_y düzeyine göre tibia külü değeri artmış, ancak bu durum tibia Ca ve P içeriğine yansımamıştır. Sitrik asit ilavesi tibia külü P içeriğinin artmasında önemli bir role sahip olmazken, Ca içeriğini diğer faktörlerden bağımsız olarak düşürmesi ve aynı sonucun KM bazında görülmemesi; her hangi bir genel sonuca varılmasını zorlaştırmıştır. Tibia kemiği külü ile Ca ve P değerleri toplu olarak dikkate alındığında, değerlerin bir birini teyid eder durumda olmaması, incelenen faktörlerin genelleme yapma yönünden önemli etki yaratmadığı sonucunu ortaya koymaktadır. Elde edilen bu bulgular, Boling *et al.* (2001), Boling *et al.* (2000b), Rafacz-Livingston *et al.* (2005a,b), Agustin *et al.* (2003), Martinez-Amezcua *et al.* (2006), Rafacz *et al.* (2003), Angel *et al.* (2001b) sitrik asit ilavesi ile tibia külü ve Ca ve P içeriğinin artması sonuçlarıyla uyumluluk göstermemiştir. Kalango and Ademosun (1973) kalsiyum içeriğinin % 2–4.5 olması tibia kemiği Ca içeriğini arttırması, Pan *et al.* (1998) tarafından ilave inorganik fosfor düzeyinin (% 0.105), tibia kül Ca ve P içeriğini etkilememesi ve Sohail and Roland (2002)'ın P_y'un % 0.1 düzeyinde kemik mineral içeriğinde düşüşler olduğu sonuçlarıyla da bu araştırmanın sonuçları uyumlu olmamıştır. Ancak Agustin *et al.* (2003) tarafından yapılan çalışmada, P içeriği yetersiz rasyonlarla beslenen tavuklarda tibia külünün düşük olması sonucuyla uyumluluk göstermiştir.

Farklı düzeylerde Ca ve P içeren kahverengi yumurtacı tavuk yemlerine sitrik asit ilavesinin incelenen tüm parametrelere etkileri özetlenecek olursa;

✓ **Performans kriterleri bakımından**

Kalsiyum, fosfor ve sitrik asitin tüm verim parametreleri üzerine etkileri sınırlı olmuş, % 3.5 Ca düzeyi ve yumurta tavukları için önerilen düzeylerde Ca (% 3.5) ve P_y (% 0.35) içeren yemlere sitrik asit ilavesi yumurta verimini artırma eğilimi göstermiştir. Sitrik asit tek başına her iki dönemde de yumurta verimi ve yumurta üretimini etkilememiştir. Denemenin çoğu dönemlerinde kalsiyum düzeyinin artmasıyla yem tüketimi ve aynı zamanda yumurta verimi de artmıştır. Ancak yumurta verimindeki bu artış yem değerlendirme sayısını iyileştirecek seviyeye ulaşmamıştır.

✓ **Kalsiyum ve fosfor tüketimleri ile sindirilebilirlikleri bakımından**

Kalsiyum ve yararlanılabilir fosforun sırasıyla % 3.5 ve % 0.35 olarak yumurta tavukları için önerilen düzeylerde kullanılması ve bu gruplara sitrik asit ilavesinin Ca ve P tüketiminde arttırıcı etki yaptığı sonucuna varılmıştır. Ca ve P sindirilebilirliği üzerine sitrik asitin etkisi genelde önemli olmamıştır.

✓ **Yumurta kalite kriterleri bakımından**

Kalsiyumun % 3.0 düzeyinde sitrik asit ilavesinin ak yüksekliğini düşürmesi haugh biriminin de olumsuz etkilenmesine neden olmuştur. Yumurta sarı rengi üzerine faktörlerin bazı önemli etkileri saptanmakla beraber, sonuçların yorumlanabilir ve tutarlı olmaması bir genelleme yapmayı engellemektedir. Kabuk kırılma mukavemeti, kabuk ağırlığı, kabuk kalınlığı ve kabuk oranı üzerine % 3.5 Ca ve % 0.35 P_y düzeyi ile bu düzeylerde sitrik asit ilavesi olumsuz etki yaratmıştır. Bu olumsuz etkinin, tavukların yüksek yem tüketimi sonucunda yetersiz Ca ve P içeren yemler için de dahil, aşırı Ca ve P tüketmeleri ve sitrik asitin bu yüksek tüketimde olumsuzlukları daha da arttırdığı düşünülmektedir.

✓ **Bağırsak içeriği pH'sı, mikroorganizma popülasyonu ve organ ağırlıkları bakımından**

Taşlık ve jejenum pH'sı % 0.35 P_y ve % 3.5 Ca düzeylerinde sitrik asit ilavesi ile artmıştır. Sindirim sistemi içeriği pH değerinde düşüş saptanmamasının muhtemel bir sonucu olarak incebağırsak mikroorganizma popülasyonu üzerine de önemli bir etki saptanmamıştır. Sindirim sistemi organ ağırlıkları üzerine faktörlerin etkisi önemli olmamıştır.

- ✓ **Tibia kemiğine ait parametreler bakımından**

Tibia kemiğine ait tüm parametreler birlikte değerlendirildiğinde, % 0.35 P_y düzeyi ile bu gruplara % 4 sitrik asit ilavesi tibia yoğunluğu ve bununla bağlantılı olarak tibia kemiği külünde arttırıcı etkide bulunmuştur. Ancak sitrik asit ilavesi aynı etkiyi tibia Ca içeriği ve kırılma mukavemetinde göstermemiştir.

- ✓ **Kan serumu Ca ve P içeriği bakımından**

Sitrik asitin % 3.0 Ca içeren yumurta tavuğu yemlerine ilavesi kan serumu Ca ve P içeriğini arttırmıştır.

- ✓ **Yumurta kabuğu külü ile Ca ve P içerikleri bakımından**

Sitrik asit ilavesinin yumurta kabuk külü üzerine etkisi önemli olmamıştır. Bu kriter üzerine düşük Ca (% 3.0) ve yumurta tavukları için önerilen düzeyde P_y (% 0.35) içeren yemin etkisi olumsuz yönde olmuştur. Düşük kalsiyum düzeyi yumurta kabuk külünü düşürürken, kabuk kalsiyum içeriğini arttırmıştır.

Sonuç olarak, incelenen kriterlere ait tüm veriler değerlendirildiğinde yumurta tavukları için yemde Ca, P düzeyleri ve birbirlerine oranı yanında yem tüketimlerine bağlı olarak Ca ve P tüketimlerinin faktörlerin incelenen kriterler üzerine etkisinin ortaya çıkışında önemli olduğu görülmüştür. Bu araştırmanın bulgularına dayanılarak; sitrik asit ilavesinin kullanılan iki farklı Ca ve P_y düzeyinde yumurta verimi, performans kriterleri, bağırsak mikroflorası, yumurta iç ve dış kalitesi üzerinde önemli bir etki oluşturmadığı sonucuna varılmıştır.

KAYNAKLAR

Abdallah Abdou, G., Harms, R.H. and El-Husseiny, O. 1993. Performance of hens laying eggs with heavy or light shell weight when fed diets with different calcium and phosphorus levels. Poultry Science, 72, 1881–1891.

Ademosun, AA. and Kalango, IO. 1973. Effect of calcium and phosphorus levels on the performance of layers in Nigeria. 1. Egg production, egg shell quality, feed intake and body weight. Poultry Science, 52 (4), 1384–1392.

Afsharmanesh, M., Samie, A.H. and Pourreza , J. 2003. Effect of citric and ascorbic acid as mineral chelators, and vitamin D_3 and calcium on efficacy of microbial phytase in a corn-soybean meal-based broiler starter diet. Poultry Science Association 92th Annual Meeting Abstracts Jully 6–9, pp. 35, Monona Terrace, Madison, WI.

Agustin, B., Agustin, V., İgnacio, A., Carmen, C., Manuel, P. and Carmen, B. 2003. The effect of citric acid and microbial phytase on mineral utilization in broiler chicks. Animal Feed Science and Technology, 110, 201–219.

Ahmed, M. 2001. Influence of supplemental citric acid and sodium and potassium citrate on phytate-phosphorus utilization in broiler chicks fed phosphorus-deficient diets from one to 42 days of age. International Animal Agriculture and Food Science Conference Abstracts. Poultry Science, Volume 80 (Supplement 1), pp. 135.

Akyıldız, A.R. 1984. Yemler Bilgisi Laboratuvar Kılavuzu. A.Ü. Ziraat Fakültesi Yayınları. 895, Uygulama Kılavuzu, 213. Ankara.

Angel, R., Dhandu, A.S., Applagate, T.J. and Chirtman, M. 2001a. Phosphorus sparing effect of phytase, 25-hydroxycholecalciferol, and citric acid when fed to broiler chicks. International Animal Agriculture and Food Science Conference Abstracts. Poultry Science, Volume 80 (Supplement 1), pp. 133.

Angel, R., Applagate, T.J., Chirtman, M. and Dhandu, A.S. 2001b. Non-fhytate phosphorus sparing effect of phytase and citric acid when fed to poults. International Animal Agriculture and Food Science Conference Abstracts. Poultry Science, Volume 80 (Supplement 1), pp. 134.

Anonim. 1989. European Tables of Energy Values for Poultry Feedstuffs, third edition. WPSA subcommittee, Netherlands.

Anonim. 1996. Amino Asid Reccommends for Poultry. Degussa A.G. Feed Additives Division. D-60287. Frankfurt, Germany.

Arda, M. 1985. Genel Mikrobiyoloji. A. Ü. Veteriner Fakültesi Yayınları. 402. Ankara.

Azman, M.A.,Yılmaz, M. ve Halifeoğlu, İ. 2005. Yumurta tavuğu yemlerine mikrobiyal fitaz ilavesinin yumurta verimi, kabuk kalitesi ve kimi besin maddelerinin sindirimi üzerine etkisi. III. Ulusal Hayvan Besleme Kongresi, 7–10 Eylül, s. 307–310, Adana.

Blair, R. and Gilbert, AB. 1973. The influence of supplemental in a low-calcium diet designed to induce a resting phase in laying hens. British Poultry Science, 14 (1), 131–135.

Boling, S.D., Douglas, M.W., Wang, X. and Parsons, C.M. 2000a. The effect of diatery avaliable phosphorus and phytase on performance of young and older laying hens. Poultry Science, 79, 224–230.

Boling, S.D., Douglas, M.W., Shirley, R.B., Parsons, C.M. and Koelkebeck, K.W. 2000b. The effect of various diatery levels of phytase and avaliable phosphorus on performance of laying hens. Poultry Science, 79, 535–538.

Boling, S.D., Webel, D.M., Mavromichalis, I., Parsons, C.M. and Baker, D.H. 2000c. The effect of citric acid on phytate-phosphorus utilization in young chicks and pigs. Journal of Animal Science, 78, 682–689.

Boling, S.D., Douglas, M.W., Snow, J.L., Parsons, C.M, and Baker, D.H. 2000d. Citric acid does not improve phosphorus utilization in laying hens fed a corn-soybean meal diet. Poultry Science, 79, 1335–1337.

Boling-Frankenbach, S.D., Snow, J.L., Parsons, C.M. and Baker, D.H. 2001. The effect of citric acid on the calcium and phosphorus requriments of chicks fed corn-soybean meal diets. Poultry Science, 80, 783–788.

Chowdhury, S.R. and Smith, T.K. 2002. Dietary interaction of 1,4-Diaminobutane (putrescine) and calcium on egg shell quality and performance in laying hens. Poultry Science, 81, 84-91.

Connor-Dennie, T.O. and Emmert, J.L 2006. Incorporation of wheat middlings, citric acid, and phytase in a corn soybean meal diet: Effects on phosphorus utilization and growth in the grower and finisher phases. Poultry Science Association 95th Annual meeting Abstracts Jully 16–19, pp. 178, University of Alborta- Edmonton, Canada.

Dibner, J.J. and Buttin, P. 2002. Use of organic acids as a model to study the impact of gut microflora on nutrition and metabolism. Journal Application Poultry Research, 11, 453–463.

Duncan, D.B.1955. Multiple Range An Multiple F Test. Biometrics. 11, 1–42.

Düzgüneş, O., Kesici, T. ve Gürbüz, F. 1983. İstatistik Metotları 2. baskı. Ankara Üniversitesi Ziraat Fakültesi Yayınları.1291, Ders kitabı, 369 s., Ankara.

Fenton, T.W. and Fenton, M. 1979. An improved procedure for the determination of chromic oxide in feed and feces. Canadian Journal of Animal Science, 76, 563-569.

Frost, T.J. and Roland, D.A. Sr. 1991. The influence of various calcium and phosphorus levels on tibia strength and eggshell quality of pullets during peak production. Poultry Science, 70, 963–969.

Gordon, R.W. and Roland, D.A. Sr. 1997. Performance of commercial laying hens fed various phosphorus levels with and without supplemental phytase. Poultry Science, 76, 1172–1177.

Gordon, R.W. and Roland, D.A. Sr. 1998. İnfluence of supplemental phytase on calcium and phosphorus utilization in laying hens. Poultry Science, 77, 290–294.

Harner, J.P and Wilson, J.H. 1985. Bone strenght statistical distribution functions for broilers. Poultry Science, 64, 585–587.

Hartel, H. 1989. Evaluation of the dietary interaction of calcium and phosphorus in the high producing laying hen. British Poultry Science, 31, 473–494.

İbrahim, K.A., Osman, M.M, and Saleh, E.S. 1997. Effect of gemfibrozil and citric acid as lipid regulating agents on duck performance. Egyptian Poultry Science Journal, 17 (2), 77–92.

Kalango, IO. and Ademosun, AA. 1973. Effect of calcium and phosphorus levels on the performance of layers in Nigeria. 2. Bone ash and calcium and phosphorus retention. Poultry Science, 52 (4), 1393–1398.

Keshavarz, K. 1986. The effect of dietary levels of calcium and phosphorus on performance and retention of these nutrients by laying hens. Poultry Science, 65, 114–121.

Keshavarz, K. 1987. Interaction between calcium and phosphorus in laying hens. Nutrition Reports İnternational, 36, 9–20.

Keshavarz, K. 2000. Nonphytate phosphorus requirement of laying hens with and without phytase on a phase feding program. Poultry Science, 79, 748–763.

Keshavarz, K. 2003. The effect of different levels of nonphytate phosphorus with and without phytase on the performance of four strains of laying hens. Poultry Science, 82, 71–91.

Konca, Y. ve Yazgan, O. 1999a. Rasyon fosfor ve vitamin C seviyelerinin yumurta tavuklarında performans ve kabuk kalitesine etkisi. Uluslararası Tavukçuluk Konferansı, 3–6 Haziran, İstanbul.

Konca, Y. ve Yazgan, O. 1999b. Sıcak şartlarda yetiştirilen yumurta tavuklarında rasyon fosfor ve vitamin C seviyelerinin performans karakterleri, kabuk kalitesi ve kemik özelliklerine etkileri. Uluslararası Hayvancılık'99 Kongresi, 21–24 Eylül, İzmir.

Kornegay, E.T. 1991. Effects of organic acids with and without a microbial culture on performance and gastrointestinal tract measurements of weanling pigs. Animal Feed Science and Tacnology, 35 (3–4), 259–270.

Leeson, S. and Summers, J.D. 1991. Feeding programs for egg laying stock. Chapter 3. Page 69 in: Commercial Poultry Nutrition. University Books, Guelph, ON, Canada.

Leeson, S. and Summers, J.D. and Caston, L. 1993. Response of Brown-egg strain layers to dietary calcium or phosphorus. Poultry Science, 72, 1510–1514.

Liebert, F., Htoo, J.K. and Sünder, A. 2005. Performance and nutrient utilization of laying hens fed low-phosphorus corn-soybean and wheat-soybean diets supplemented with microbial Phytase. Poultry Science, 84, 1576–1583.

Lim, HS., Namkung, H. and Paik, IK. 2003. Efffects of phytase supplementation on the performance, egg quality, and phosphorus excretion of laying hens fed different levels of dietary calcium and nonphytate phosphorus. Poultry Science, Volume 82 (1), 92–99.

Martinez-Amezcua, C., Parsons, C..M. and Baker, D.H. 2006. Effect of microbial phytase and citric acid on phosphorus bioavailability, apparent metabolizable energy, and amino acid digestibility in distilers dried grains with soluble in chicks. Poultry Science, 85, 470–475.

Miles, R.D., Costa, P.T. and Harms, R.H. 1983. The influence of dietary phosphorus level on laying hen performance, egg shell quality and various blood parameters. Poultry Science, 62, 1033-1037.

North, M.O. and D.D. Bell. 1990. Commercial Chicken Production Manuel, 4th Edition, An AviBook, by Von Nostand Reinhold, Newyork.

NRC, 1984. Nutrient Requirements of Poultry, National Academy Press. Washington DC.

NRC, 1994. Nutrient Requirements of Poultry, National Academy of Science. Washington DC.

Pan, C.F., Igbasan, F.A., Guenter, W. and Marquardt, R.R. 1998. The effects of enzyme and inorganic phosphorus supplements in wheat- and rye-based diets on laying hen performance, energy, and phosphorus availability. Poultry Science, 77, 83-89.

Patten, J.D., and Waldroup, P.W. 1988. The use of organic acids in broiler diets Poultry Science, 67, 1178-1182.

Rafacz, K.A., Martinez, C., Snow, J.L., Baker, D.H. and Parsons, C.M. 2003. Citric acid improves phytate phosphorus utilization in two breeds of chicks fed a corn-soybean meal diet. Poultry Science Association 92th Annual Meeting Abstracts Jully 6–9, pp. 35, Monona Terrace, Madison, WI.

Rafacz-Livingston, K.A., Parsons, C.M. and Jungkt, R.A. 2005a. The effects of various organic acids on phytate phosphorus utilization in chicks. Poultry Science, 84, 1356–1362.

Rafacz-Livingston, K.A., Martinez-Amezcua, C.M, Parsons, C.M., Baker, D.H. and Snow, J. 2005b. Citric acid improves phytate phosphorus utilization in crossbred and commercial broiler chicks. Poultry Science, 84, 1370–1375.

Rauch, W. 1958. Verleichende untersuchungen zur qualitatsbeur teilung von frisheiem. Arch. Geflugelk, 22, 74–104.

Ribeiro, A.M.L., Penz, A.M., Belay, T.K. and Teeter, R.G. 2001. Comparision of different drying techniques for nitrogen analaysis of poultry excreta, feces and tissue. Journal of Applied Poultry Research, 10, 21-23.

Rodriguez, L.V., Haro, H.J., Barrera, M.E., Oporta, S.M.E., Alcarta, G.M. and Bojalil, G.C. 2002. Citric acid and microbial phytase relative to productive performance and phosphorus, calcium and nitrojen excretion in laying hens. Téc Pecu Méx, 40 (2), 169–180.

Roland, D.A. Sr. 1982. Calcium and phosphorus in laying hen rations. Proc. Georgia Nutrition Conference. pp. 149–160.

Rouse, J., Rolow, A. and Nelson, C.E. 1988. Effect of chemical treatment of poultry feed on survival of salmonella. Poultry Science, 67, 1225-1228.

Roush, W.B., Maylet, M., Rosenberger, J.L. and Derr, J. 1986. Investigation of calcium and available phosphorus requirements for laying hens by response surface methodology. Poultry Science 65, 964-970.

Skinner, J.T., Izat, A.L. and Waldroup, P.W. 1991. Research Note. Fumaric acid enhances performance of broiler chikens. Poultry Science, 70, 1444-1447.

Smith, P.A., Nelson, T.S., Kirby, L.K., Jonson, Z.B. and Beasley, J.N. 1983. Influence of temperature, moisture, and propionic acid on mold growth and toxin production in corn. Poultry Science, 62, 419-423.

Snow, J.L., Baker, D.H. and Parsons, C.M. 2004. Phytase, citric acid, and 1 α-hydroxycholecalciferol improve phytate phosphorus utilization in chicks fed a corn-soybean meal diet. Poultry Science, 83, 1187–1192.

Sohail, S.S. and Roland, Sr. 2002. Influence of dietary phosphorus on performance of Hy-Line W36 hens. Poultry Science, 81, 75-83.

Strong. C.F.Jr. 1989. Relationship between several measures of shell quality and egg-breakage in commercial processing plant. Poultry Science, 68, 1730–1733.

Şenköylü, N. 1997. Modern Tavuk Üretimi Kitabı. Trakya Üniversitesi, Tekirdağ Ziraat Fakültesi, Zootekni Bölümü, s. 421–423.

Van der Wal, P. 1980. Salmonella control of feed stuffs by pelleting or acid treatment. Zootechnica (November), 28–31.

Vogt, H., Matthes, S. and Harnisch, S. 1981. The effect of organic acids on the performances of broilers and laying hens. Arch. Geflugelkd. 45, 221–232.

Wilson, J.H. 1991. Bone strength of caged layers as affected by dietary calcium and phosphorus concentractions, reconditioning and ash content. British Poultry Science, 32, 501- 508.

Walter, A., Rimbach, G., Most, E. and Pallauf, J. 1998. Effect of citric acid supplements to a maize-soya diet on the *in vitro* availability of minerals, trace elements, and heavy metals. Journal of Veterian Medical A, 45, 517–524.

Yee, H.Y. 1968. Clinical Chemical, 14. 898. Tietz Textbook of Clinical Chemistry, Second Edition, Burtis-Ashwood (1994).

Zak, B., Epstein, E. and Babinski, E.S. 1975. Review of Calcium Methodologies, Analysis of Clinical and Laboratory Science, 5, 195–212.

ÖZGEÇMİŞ

Karaman İli Taşkale Kasabasında 1963 tarihinde doğdu. Ankara Üniversitesi Ziraat Fakültesi Zootekni Bölümünden 1986 yılında Ziraat Mühendisi Unvanı ile mezun oldu. A.Ü. Ziraat Fakültesi Zootekni Bölümü Hayvan Yetiştirme ve Islahı Ana Bilim Dalında Yüksek Lisans eğitimini 1991, A.Ü. Ziraat Fakültesi Zootekni Bölümü Yemler ve Hayvan Besleme Ana Bilim Dalında doktora eğitimini 2008 yıllarında tamamladı. Halen Ankara Tavukçuluk Araştırma Enstitüsünde Yemler ve Kanatlı Besleme başta olmak üzere çeşitli araştırma faaliyetlerini yürütmektedir. Evli ve bir kız çocuğu annesidir.

Kolibri 360 GmbH
Ferdinand-Jühlke-Straße 7
99095 Erfurt, Deutschland
produktsicherheit@kolibri360.de

Druck:
CPI Druckdienstleistungen GmbH
im Auftrag der
Kolibri 360 GmbH
Ferdinand-Jühlke-Str. 7
99095 Erfurt